2019年手绘轻手账

青岛出版社
QINGDAO PUBLISHING HOUSE

CALENDAR 2019 年日历

01 JANUARY

S	M	T	W	T	F	S
		1 元旦	2 廿七	3 廿八	4 廿九	5 小寒
6 腊月	7 初二	8 初三	9 初四	10 初五	11 初六	12 初七
13 腊八节	14 初九	15 初十	16 十一	17 十二	18 十三	19 十四
20 大寒	21 十六	22 十七	23 十八	24 十九	25 二十	26 廿一
27 廿二	28 廿三	29 廿四	30 廿五	31 廿六		

02 FEBRUARY

S	M	T	W	T	F	S
					1 廿七	2 廿八
3 廿九	4 除夕	5 春节	6 初二	7 初三	8 初四	9 初五
10 初六	11 初七	12 初八	13 初九	14 情人节	15 十一	16 十二
17 十三	18 十四	19 元宵节	20 十六	21 十七	22 十八	23 十九
24 二十	25 廿一	26 廿二	27 廿三	28 廿四		

03 MARCH

S	M	T	W	T	F	S
					1 廿五	2 廿六
3 廿七	4 廿八	5 廿九	6 惊蛰	7 二月	8 妇女节	9 初三
10 初四	11 初五	12 植树节	13 初七	14 初八	15 初九	16 初十
17 十一	18 十二	19 十三	20 十四	21 春分	22 十六	23 十七
24 十八 / 31 廿五	25 十九	26 二十	27 廿一	28 廿二	29 廿三	30 廿四

04 APRIL

S	M	T	W	T	F	S
	1 愚人节	2 廿七	3 廿八	4 廿九	5 清明	6 初二
7 初三	8 初四	9 初五	10 初六	11 初七	12 初八	13 初九
14 初十	15 十一	16 十二	17 十三	18 十四	19 十五	20 谷雨
21 十七	22 十八	23 十九	24 二十	25 廿一	26 廿二	27 廿三
28 廿四	29 廿五	30 廿六				

05 MAY

S	M	T	W	T	F	S
			1 劳动节	2 廿八	3 廿九	4 青年节
5 四月	6 立夏	7 初三	8 初四	9 初五	10 初六	11 初七
12 母亲节	13 初九	14 初十	15 十一	16 十二	17 十三	18 十四
19 十五	20 十六	21 小满	22 十八	23 十九	24 二十	25 廿一
26 廿二	27 廿三	28 廿四	29 廿五	30 廿六	31 廿七	

06 JUNE

S	M	T	W	T	F	S
						1 儿童节
2 廿九	3 五月	4 初二	5 初三	6 芒种	7 端午节	8 初六
9 初七	10 初八	11 初九	12 初十	13 十一	14 十二	15 十三
16 父亲节	17 十五	18 十六	19 十七	20 十八	21 夏至	22 二十
23 廿一 / 30 廿八	24 廿二	25 廿三	26 廿四	27 廿五	28 廿六	29 廿七

07 JULY

S	M	T	W	T	F	S
	1 建党节	2 三十	3 六月	4 初二	5 初三	6 初四
7 小暑	8 初六	9 初七	10 初八	11 初九	12 初十	13 十一
14 十二	15 十三	16 十四	17 十五	18 十六	19 十七	20 十八
21 十九	22 二十	23 大暑	24 廿二	25 廿三	26 廿四	27 廿五
28 廿六	29 廿七	30 廿八	31 廿九			

08 AUGUST

S	M	T	W	T	F	S
				1 建军节	2 初二	3 初三
4 初四	5 初五	6 初六	7 七夕节	8 立秋	9 初九	10 初十
11 十一	12 十二	13 十三	14 十四	15 中元节	16 十六	17 十七
18 十八	19 十九	20 二十	21 廿一	22 廿二	23 处暑	24 廿四
25 廿五	26 廿六	27 廿七	28 廿八	29 廿九	30 八月	31 初二

09 SEPTEMBER

S	M	T	W	T	F	S
1 初三	2 初四	3 初五	4 初六	5 初七	6 初八	7 初九
8 白露	9 十一	10 教师节	11 十三	12 十四	13 中秋节	14 十六
15 十七	16 十八	17 十九	18 二十	19 廿一	20 廿二	21 廿三
22 廿四	23 秋分	24 廿六	25 廿七	26 廿八	27 廿九	28 三十
29 九月	30 初二					

10 OCTOBER

S	M	T	W	T	F	S
		1 国庆节	2 初四	3 初五	4 初六	5 初七
6 初八	7 重阳节	8 寒露	9 十一	10 十二	11 十三	12 十四
13 十五	14 十六	15 十七	16 十八	17 十九	18 二十	19 廿一
20 廿二	21 廿三	22 廿四	23 廿五	24 霜降	25 廿七	26 廿八
27 廿九	28 十月	29 初二	30 初三	31 初四		

11 NOVEMBER

S	M	T	W	T	F	S
					1 万圣节	2 初六
3 初七	4 初八	5 初九	6 初十	7 十一	8 立冬	9 十三
10 十四	11 十五	12 十六	13 十七	14 十八	15 十九	16 二十
17 廿一	18 廿二	19 廿三	20 廿四	21 廿五	22 小雪	23 廿七
24 廿八	25 廿九	26 十一月	27 初二	28 感恩节	29 初四	30 初五

12 DECEMBER

S	M	T	W	T	F	S
1 初六	2 初七	3 初八	4 初九	5 初十	6 十一	7 大雪
8 十三	9 十四	10 十五	11 十六	12 十七	13 十八	14 十九
15 二十	16 廿一	17 廿二	18 廿三	19 廿四	20 廿五	21 廿六
22 冬至	23 廿八	24 廿九	25 圣诞节	26 十二月	27 初二	28 初三
29 初四	30 初五	31 初六				

KEEP IT UP

计划打卡 ——

01
02
03
04
05
06
07
08
09
10
11
12
13
14
15
16
17
18
19
20
21
22
23
24
25
26
27
28
29

JANUARY

SUN.	MON.	TUE.
		元旦 01
腊月 06	初二 07	初三 08
腊八节 13	初九 14	初十 15
大寒 20	十六 21	十七 22
廿二 27	廿三 28	廿四 29

WED.	THU.	FRI.	SAT.
廿七 02	廿八 03	廿九 04	小寒 05
初四 09	初五 10	初六 11	初七 12
十一 16	十二 17	十三 18	十四 19
十八 23	十九 24	二十 25	廿一 26
廿五 30	廿六 31		

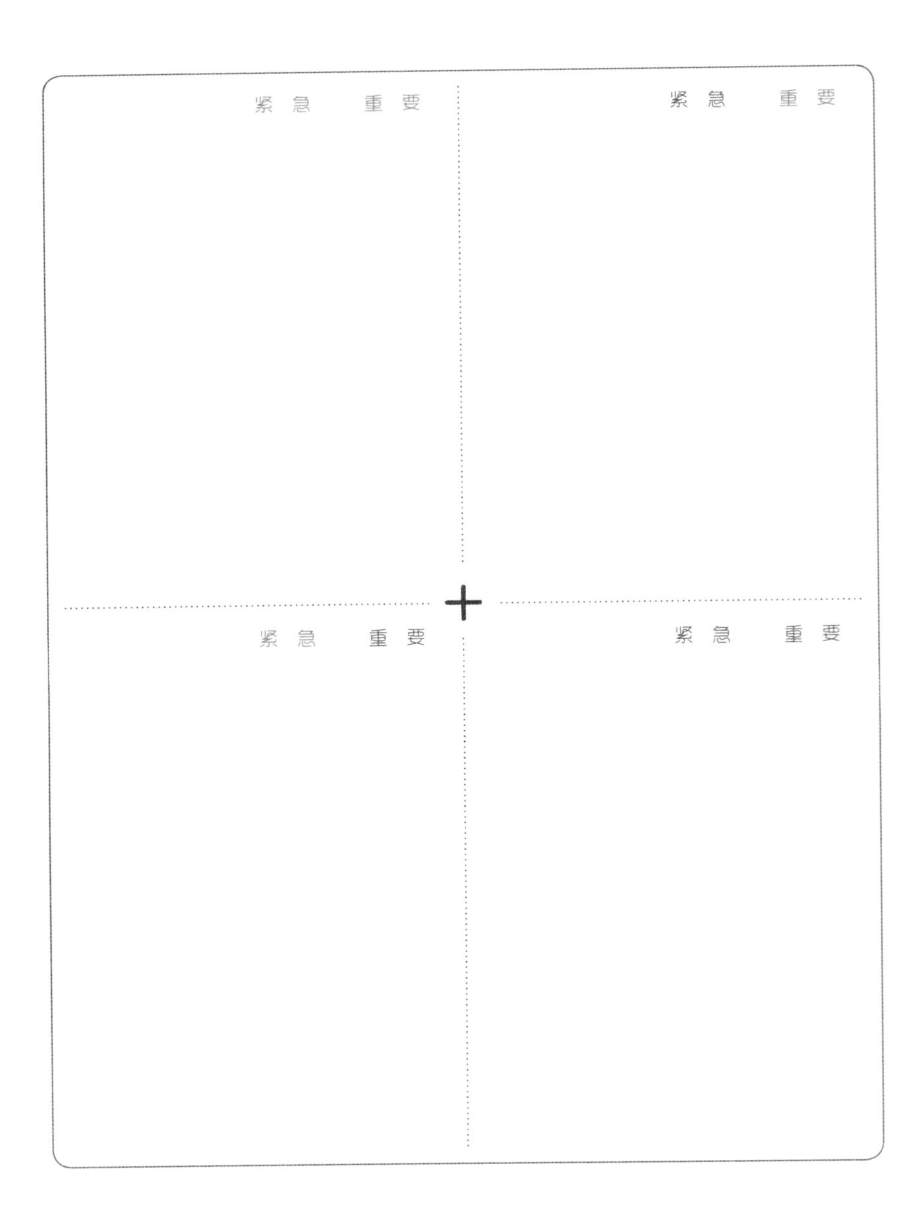
紧急　重要
紧急　重要
紧急　重要
紧急　重要

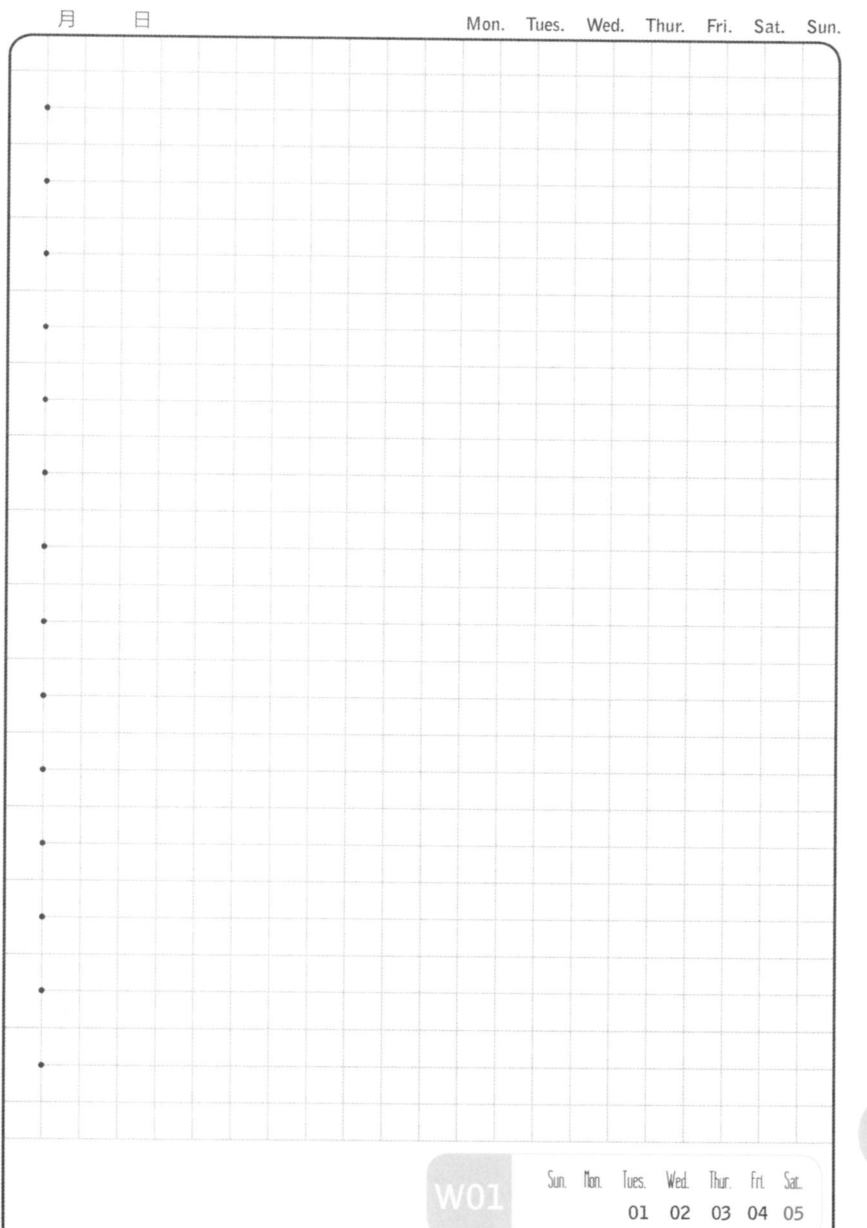
月 日
Mon. Tues. Wed. Thur. Fri. Sat. Sun.
W01
Sun. Mon. Tues. Wed. Thur. Fri. Sat.
01 02 03 04 05

01

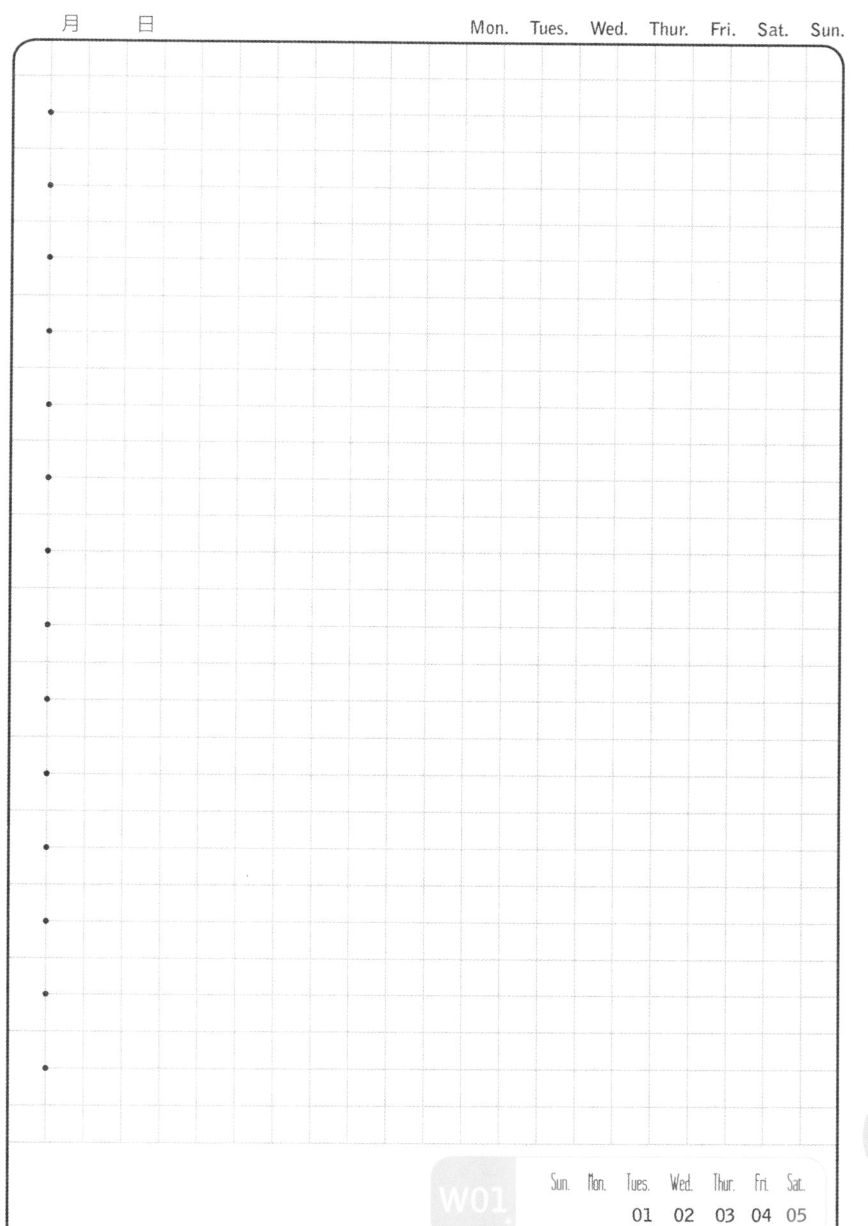
月 日
Mon. Tues. Wed. Thur. Fri. Sat. Sun.
W01
Sun. Mon. Tues. Wed. Thur. Fri. Sat.
01 02 03 04 05

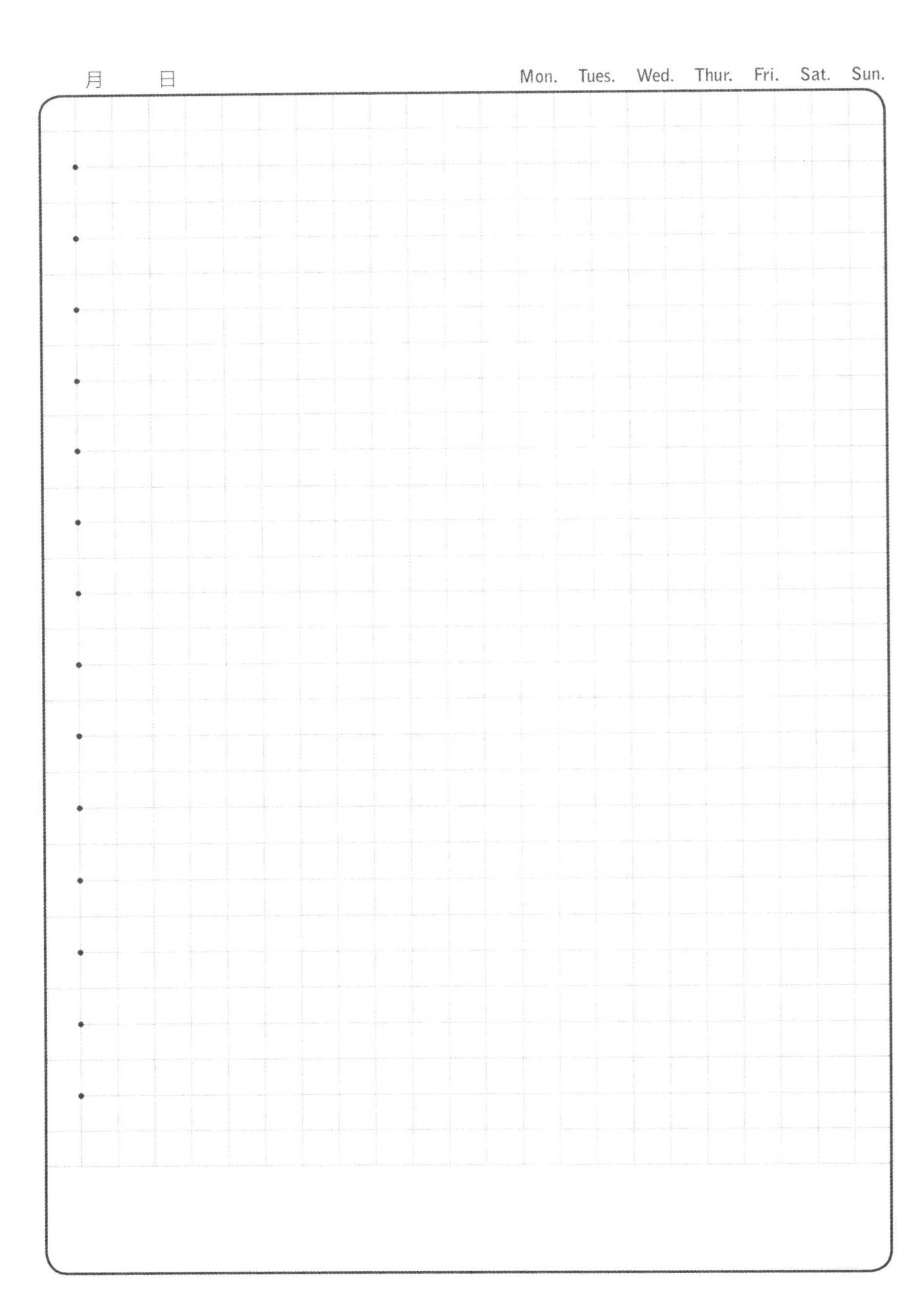

月 日
Mon. Tues. Wed. Thur. Fri. Sat. Sun.

月　日　Mon. Tues. Wed. Thur. Fri. Sat. Sun.

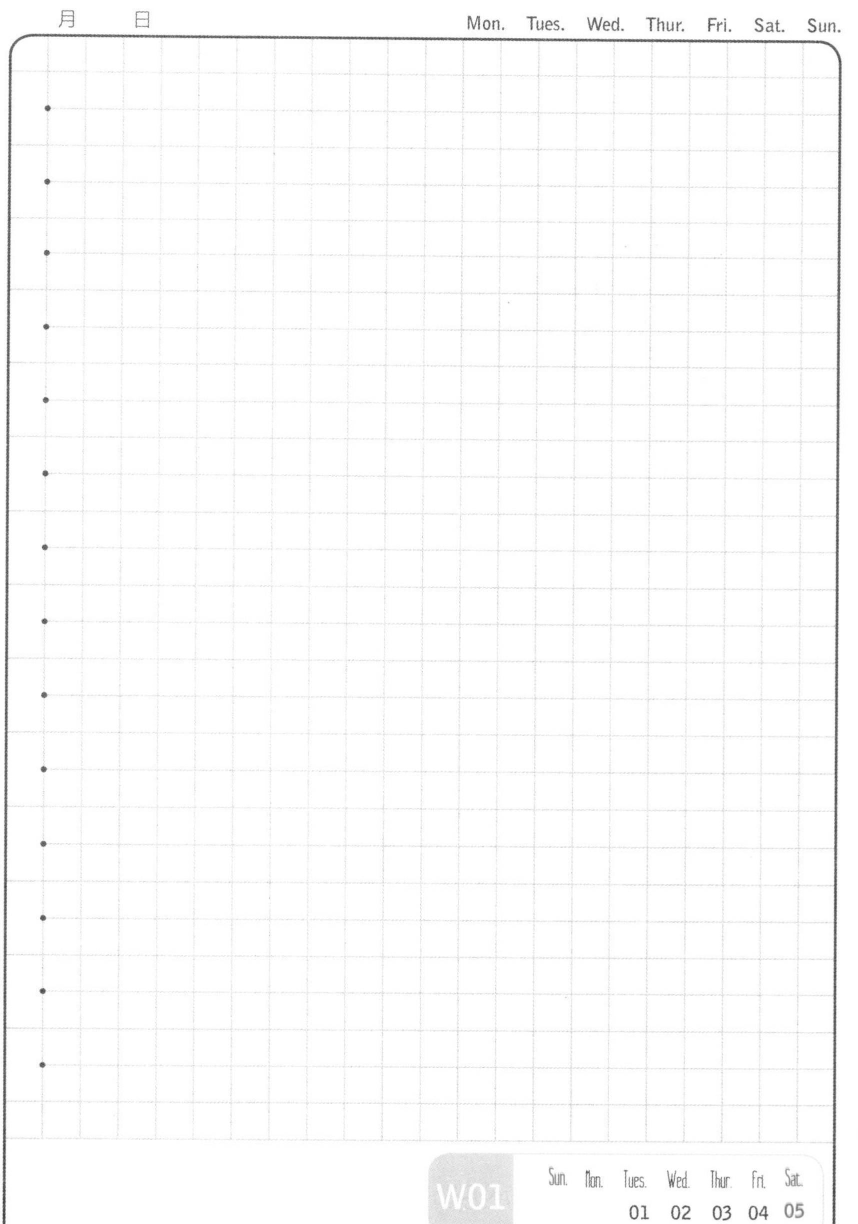

第2周

清茶淡饭中
寻
清淡甘香之味

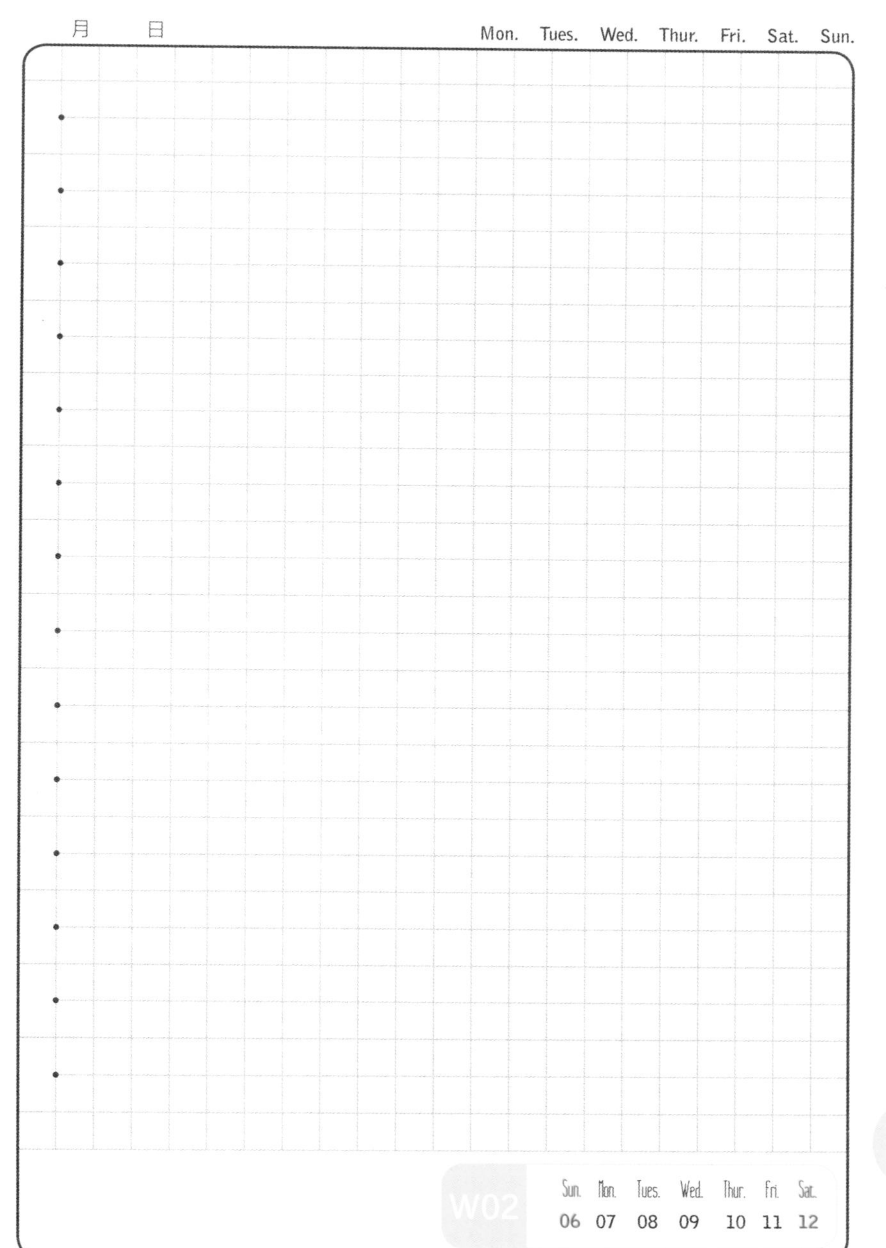
月 日
Mon. Tues. Wed. Thur. Fri. Sat. Sun.
W02
Sun. Mon. Tues. Wed. Thur. Fri. Sat.
06 07 08 09 10 11 12

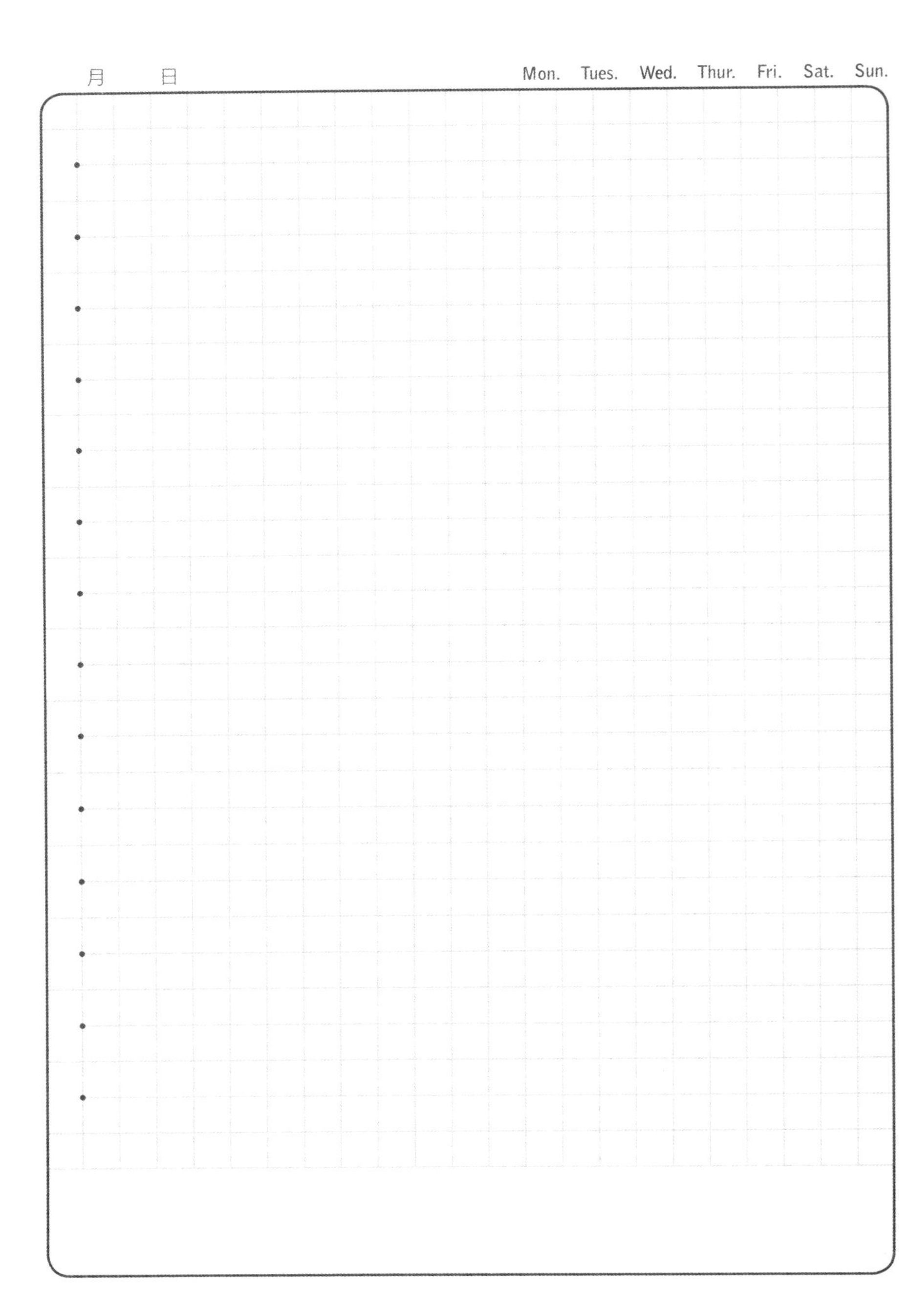

月 日
Mon. Tues. Wed. Thur. Fri. Sat. Sun.

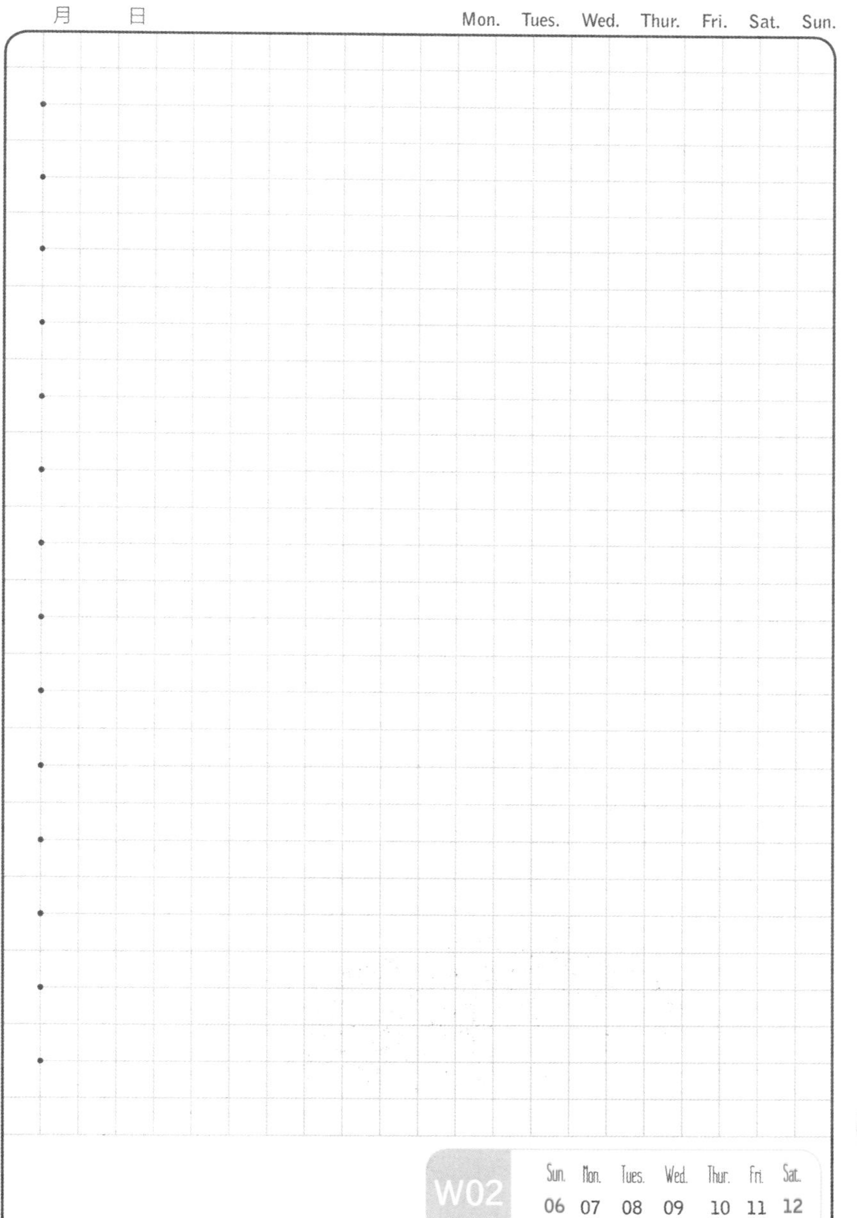
月 日
Mon. Tues. Wed. Thur. Fri. Sat. Sun.
W02
Sun. Mon. Tues. Wed. Thur. Fri. Sat.
06 07 08 09 10 11 12

无为之物

海参自古被列为海八珍之一。我国的渤海和黄海海域地理气候独特，水质一流，海泥丰富，所产的刺参为参之上品。

袁枚在《随园食单》里说：海参无为之物，沙多气腥，最难讨好，然天性浓重，断不可以清汤煨也。

这话几个意思？

一是说海参这哥们大概没什么出息，而且脾气不好，死犟。二是嫌人家天生体味浓重，提醒它和大家一起玩时多喷点香水。

可海参却是鲁菜名厨眼里的香饽饽。上好刺参发好，配章丘大葱佐以猪油、酱油、冰糖、上汤等煨制即是鲁菜招牌葱烧海参。成菜海参鲜滑弹牙，葱段清香味浓，食用后盘底无余油，真是将鲁菜精细、中和及健康的特点展现得淋漓尽致了。

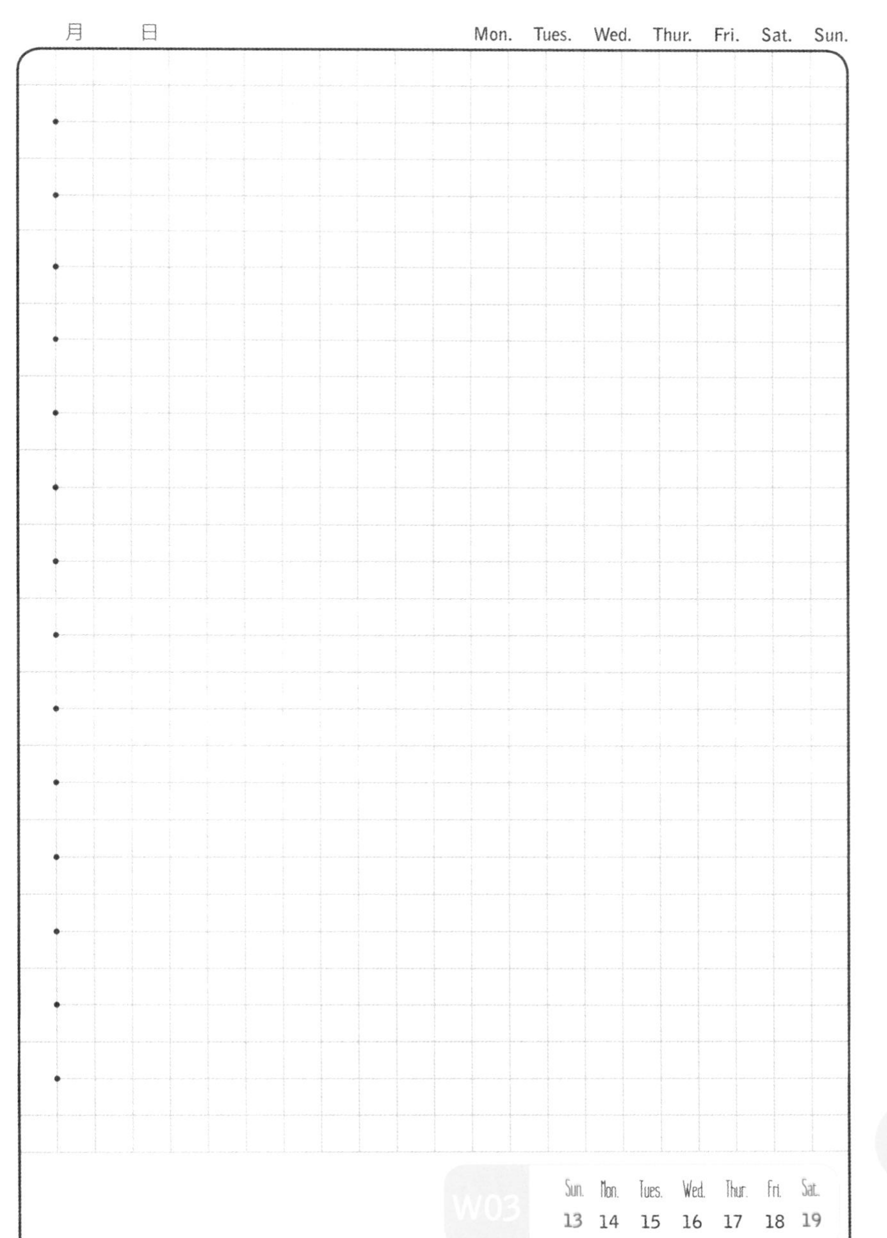
月 日
Mon. Tues. Wed. Thur. Fri. Sat. Sun.
W03
Sun. Mon. Tues. Wed. Thur. Fri. Sat.
13 14 15 16 17 18 19

月 日
Mon. Tues. Wed. Thur. Fri. Sat. Sun.

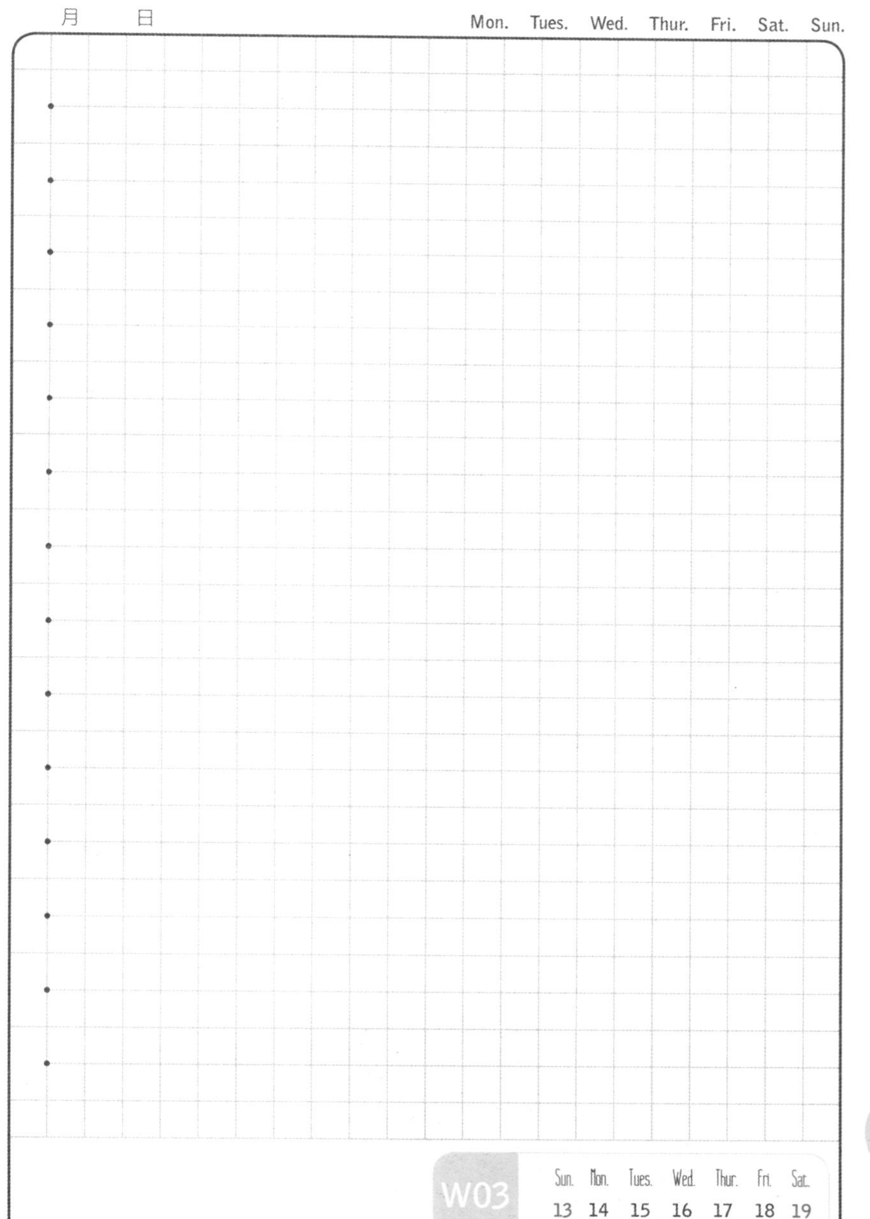

月 日
Mon. Tues. Wed. Thur. Fri. Sat. Sun.
W03
Sun. Mon. Tues. Wed. Thur. Fri. Sat.
13 14 15 16 17 18 19

精致

我国的盖饭市场基本被西北盖浇饭统一，果腹尚可，精致少见。邻国日本的盖饭多以盖碗盛白饭后，搭配应季食材制作，起名「丼饭」，精致。

鳗鱼饭，也就是鳗丼，我非常喜欢吃。去料理店总是觉得很不过瘾，便自己做来吃。

活河鳗去头尾内脏，清洗干净后从中剖开分成两片，去骨后以味淋、酱油、蚝油、白糖、姜汁、白酒腌制一小时，竹签串起后抹少许油入烤箱烤制，中途取出翻面并以蜂蜜涂刷鱼身。

将煮好的白饭盛出，鳗鱼平铺在米饭上，之前腌鳗鱼的汤汁加少许水、酱油、味淋和蜂蜜熬到粘稠后淋上就可以了。正宗鳗丼是不可以撒芝麻的，而是少许绿色的山椒粉，另外两片鳗鱼也必须是在完整未切割的状态下提供给食客。

一份西北盖浇饭最贵卖到25块，一份鳗丼却可以轻松卖过60块。

除去食材，精致是唯一原因。

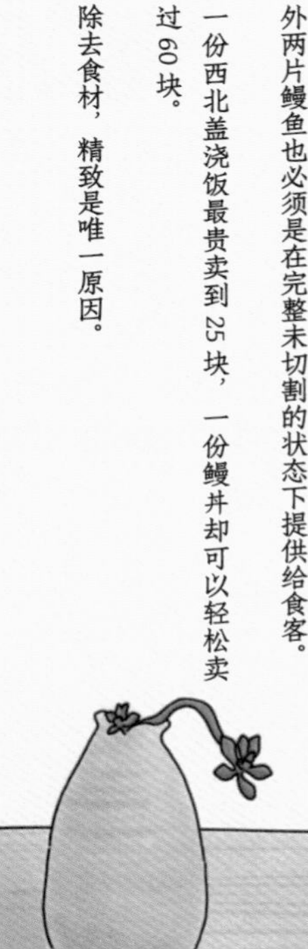

月　　日　　Mon.　Tues.　Wed.　Thur.　Fri.　Sat.　Sun.

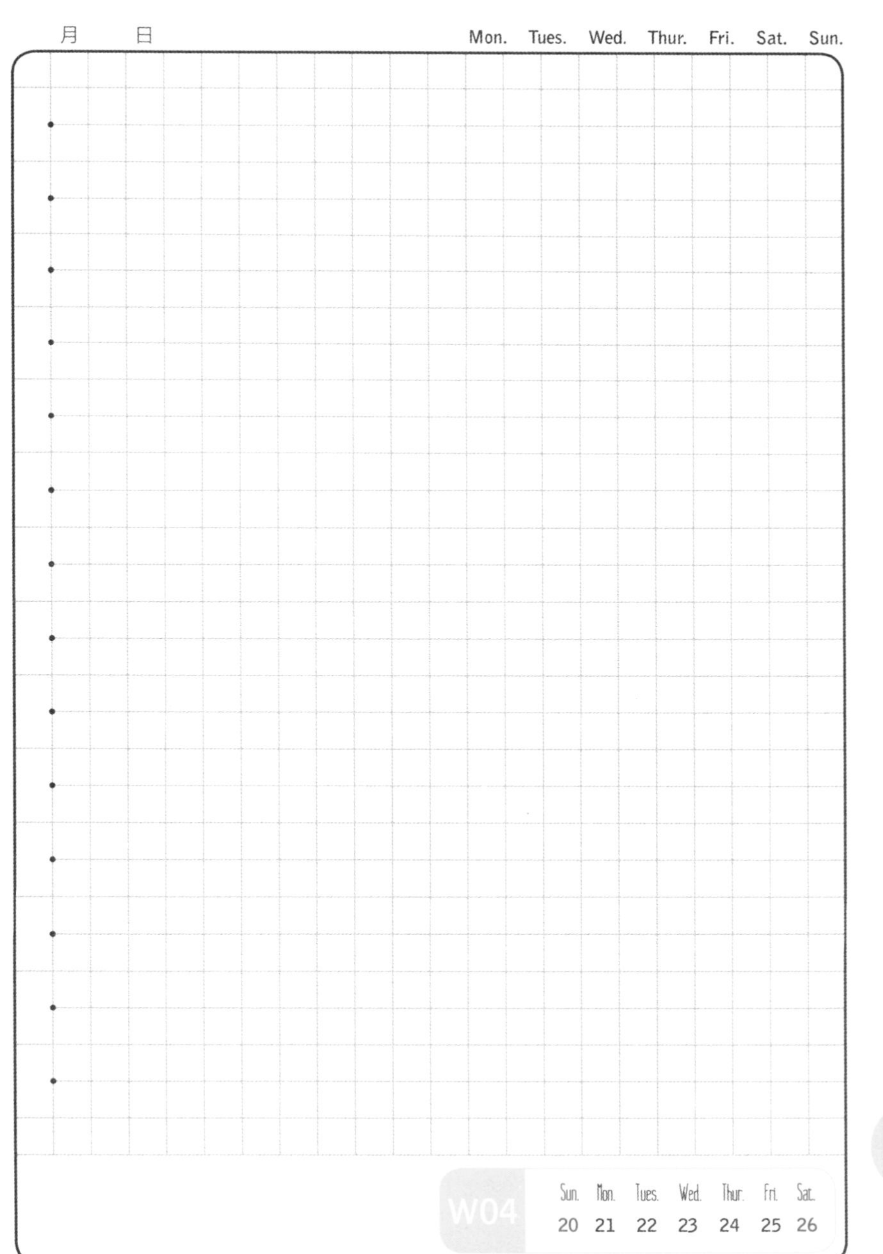
月 日
Mon. Tues. Wed. Thur. Fri. Sat. Sun.
W04
Sun. Mon. Tues. Wed. Thur. Fri. Sat.
20 21 22 23 24 25 26

月 日
Mon. Tues. Wed. Thur. Fri. Sat. Sun.

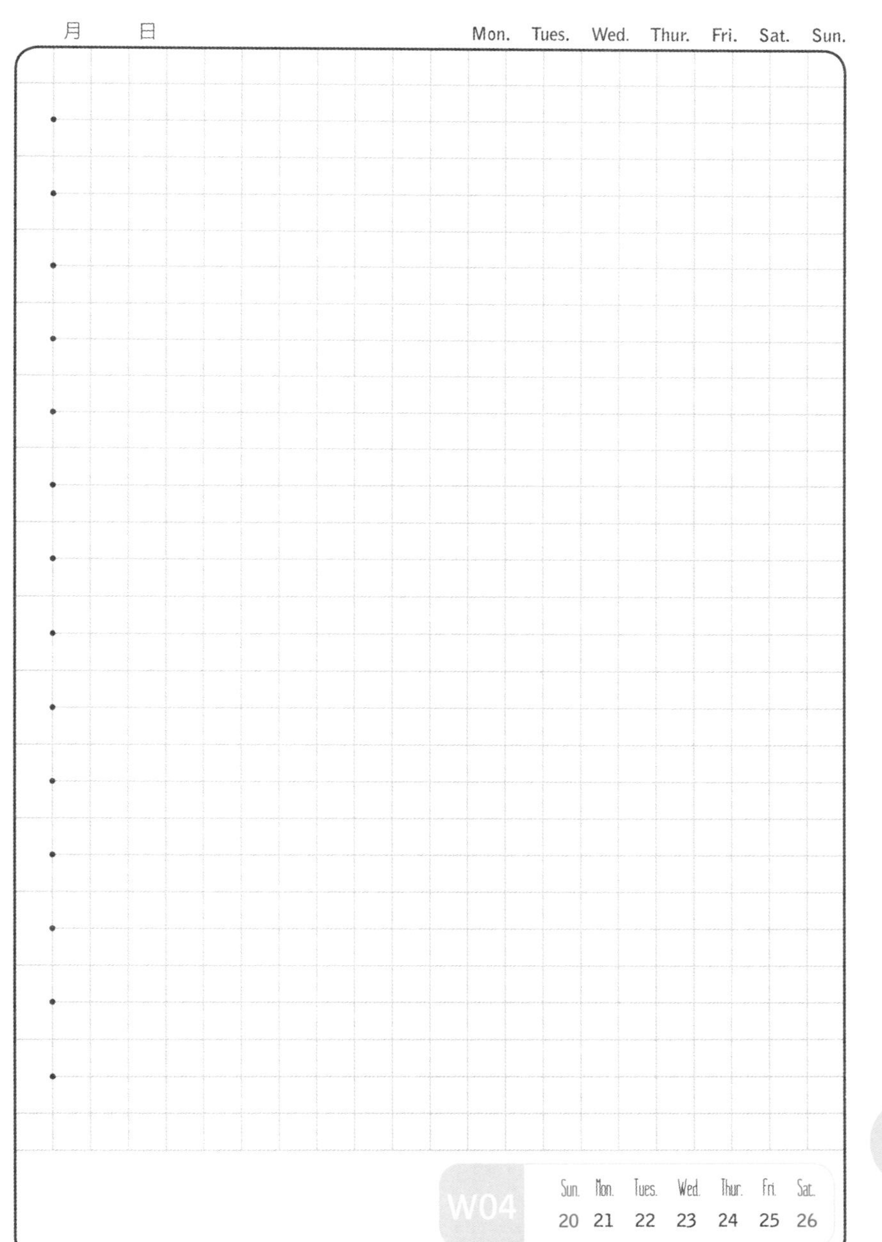
月 日
Mon. Tues. Wed. Thur. Fri. Sat. Sun.
W04
Sun. Mon. Tues. Wed. Thur. Fri. Sat.
20 21 22 23 24 25 26

小年

如果春节意味着一年的开始，那小年则是串联起这个开始的诸多节日之一。歌谣里说二十三，糖瓜粘；二十四，扫房日；二十五，冻豆腐；二十六，去买肉；二十七，宰公鸡；二十八，把面发；二十九，蒸馒头；三十晚上熬一宿；初一、初二满街走。

幼时的小年是轻松的开始。从这天起，家人开始为了三十而加倍忙碌，厨房里会传来阵阵温暖的味道，小孩子们不再被催促着去完成作业，倒是每天拿小花炮点了去放，胡同里噼噼啪啪地夹杂着孩子们的笑声，告诉你一年里最美的日子就要到了。

月 日
Mon. Tues. Wed. Thur. Fri. Sat. Sun.

月　　日　　Mon.　Tues.　Wed.　Thur.　Fri.　Sat.　Sun.

SUN.	MON.	TUE.
廿九 03	除夕 04	春节 05
初六 10	初七 11	初八 12
十三 17	十四 18	元宵节 19
二十 24	廿一 25	廿二 26

WED.	THU.	FRI.	SAT.
		廿七 01	廿八 02
初二 06	初三 07	初四 08	初五 09
初九 13	情人节 14	十一 15	十二 16
十六 20	十七 21	十八 22	十九 23
廿三 27	廿四 28		

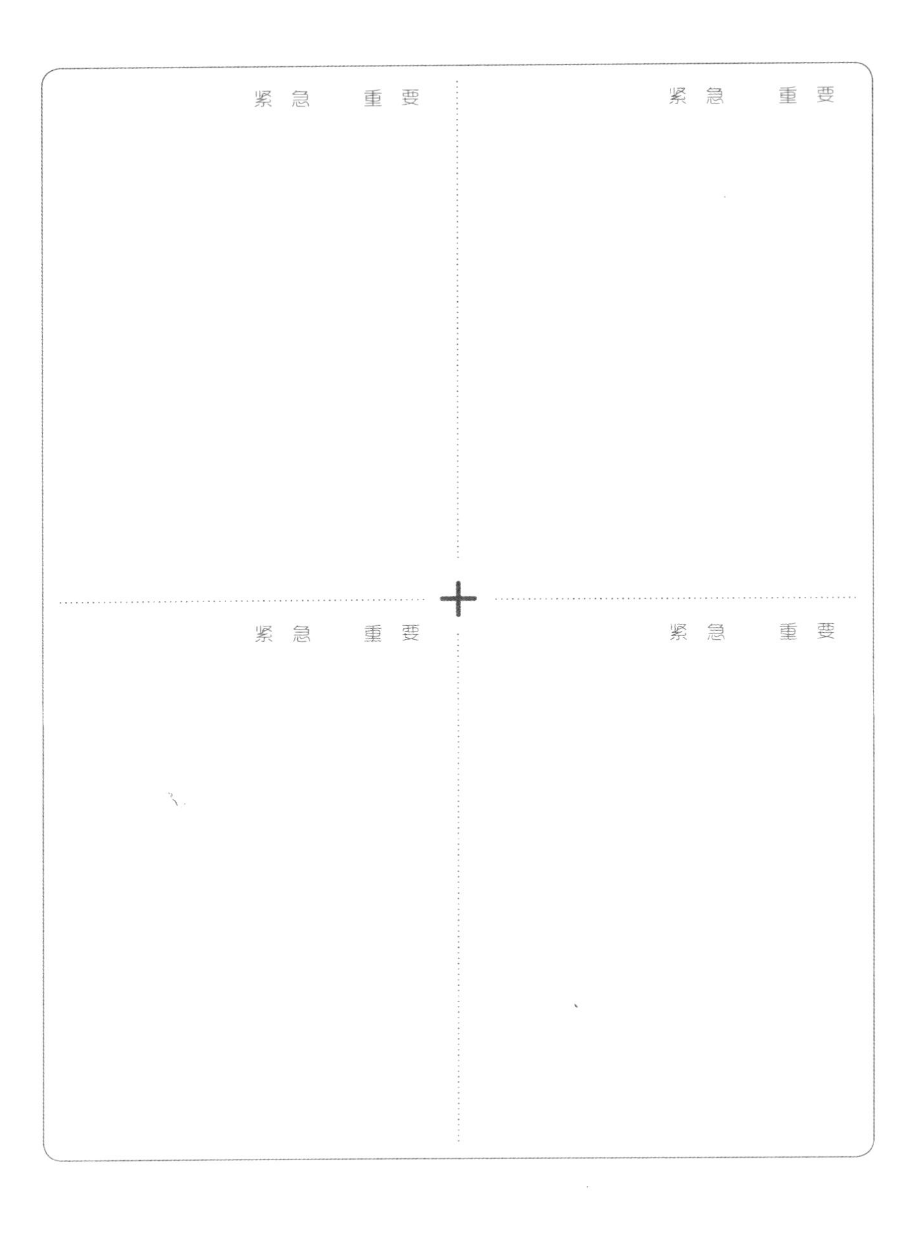
紧急 重要
紧急 重要
紧急 重要
紧急 重要

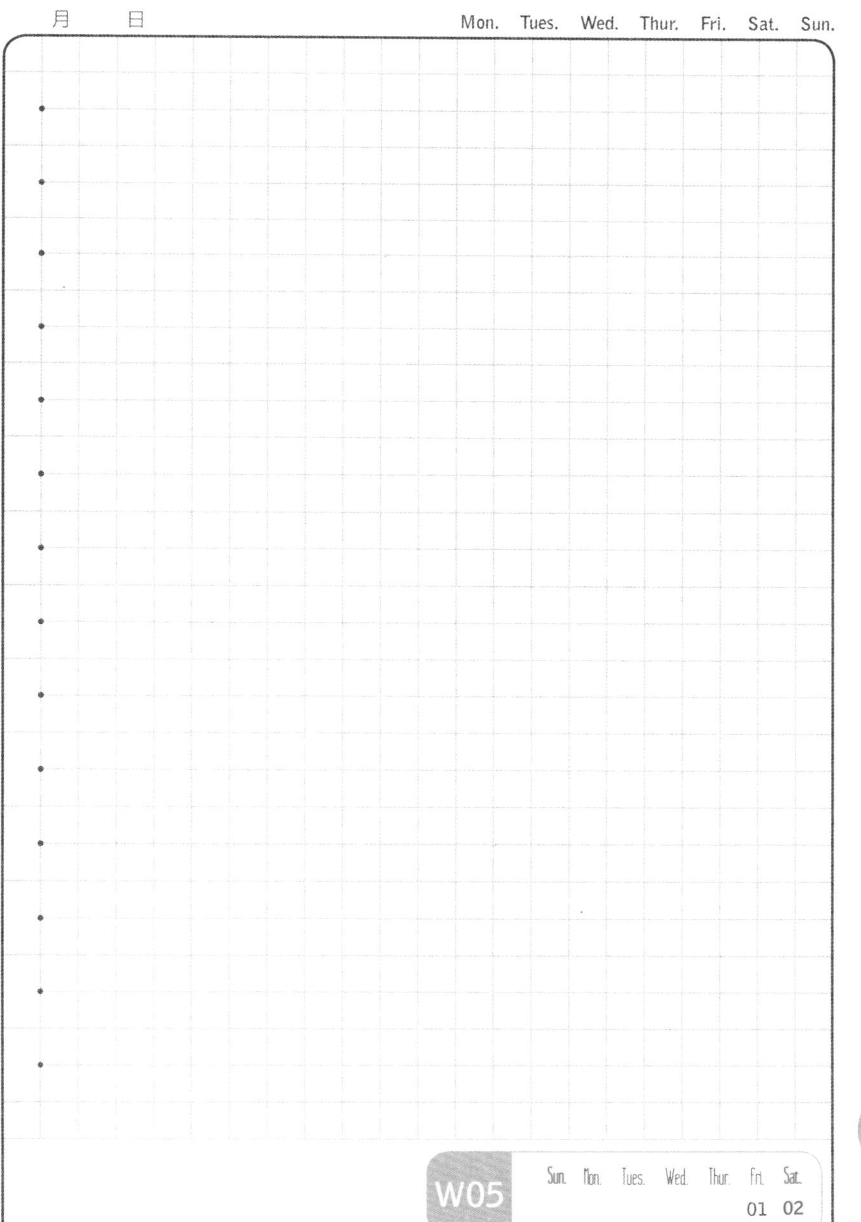
月 日
Mon. Tues. Wed. Thur. Fri. Sat. Sun.
W05
Sun. Mon. Tues. Wed. Thur. Fri. Sat.
01 02

12点的钟声一响，胡同里的鞭炮声就炸开了花，奶奶一定探着身子看窗外，说一句“数咱家鞭炮的声音最脆最响”，再喜滋滋地回身煮了饺子给全家人吃。家里只有我不愿吃饺子，奶奶就笑着说：「别的可以不吃，对合是奶奶特意给你包的，要吃！」

小心咬开精致的对合，里面的糖心流出来，这是奶奶留给我的独家记忆。

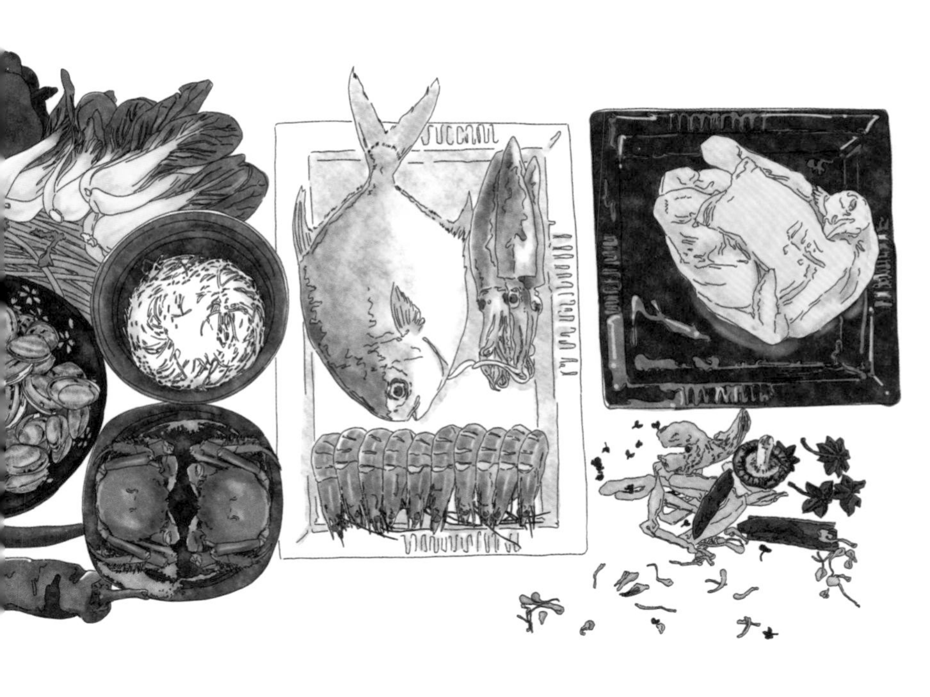

独家记忆

除夕，也叫大年夜，是每年农历腊月的最后一个夜晚。用拆字释义的方法，除是去除的意思，夕是夜晚的意思，组合起来就有了辞旧迎新、万象更新的意思了。

年夜饭是除夕的重头戏。家庭是人类社会组成的基本单位，年夜饭的基本观念就是团聚。一家老少在这天围坐一堂，不断端出的盘盘碗碗一定是满的，小孩子数着盘碗的数量，如果是单数了，奶奶就抓一把核桃糖果放在碟里添数：「记住啊，单数是神仙菜，小孩子是不可以吃的。」

月　日
Mon. Tues. Wed. Thur. Fri. Sat. Sun.

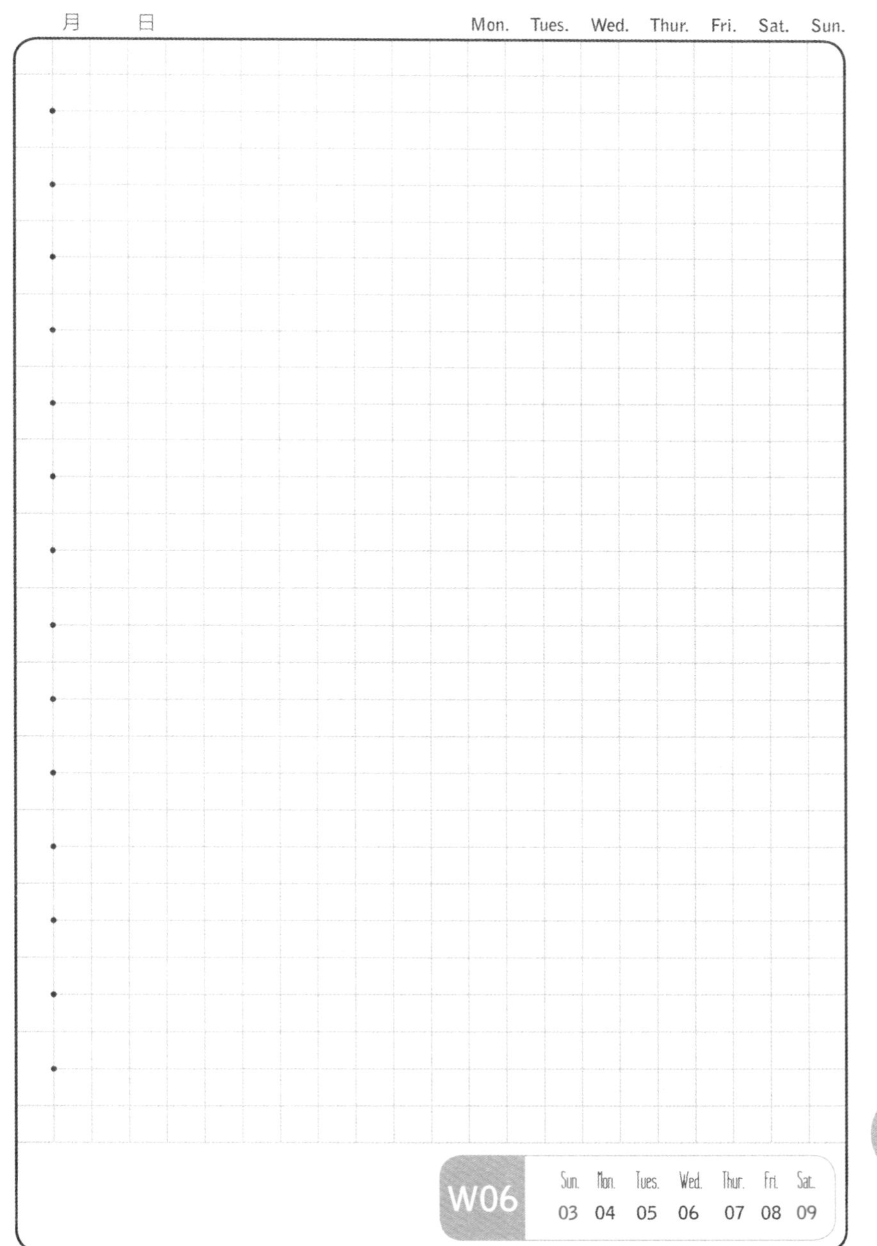
月 日
Mon. Tues. Wed. Thur. Fri. Sat. Sun.
W06
Sun. Mon. Tues. Wed. Thur. Fri. Sat.
03 04 05 06 07 08 09

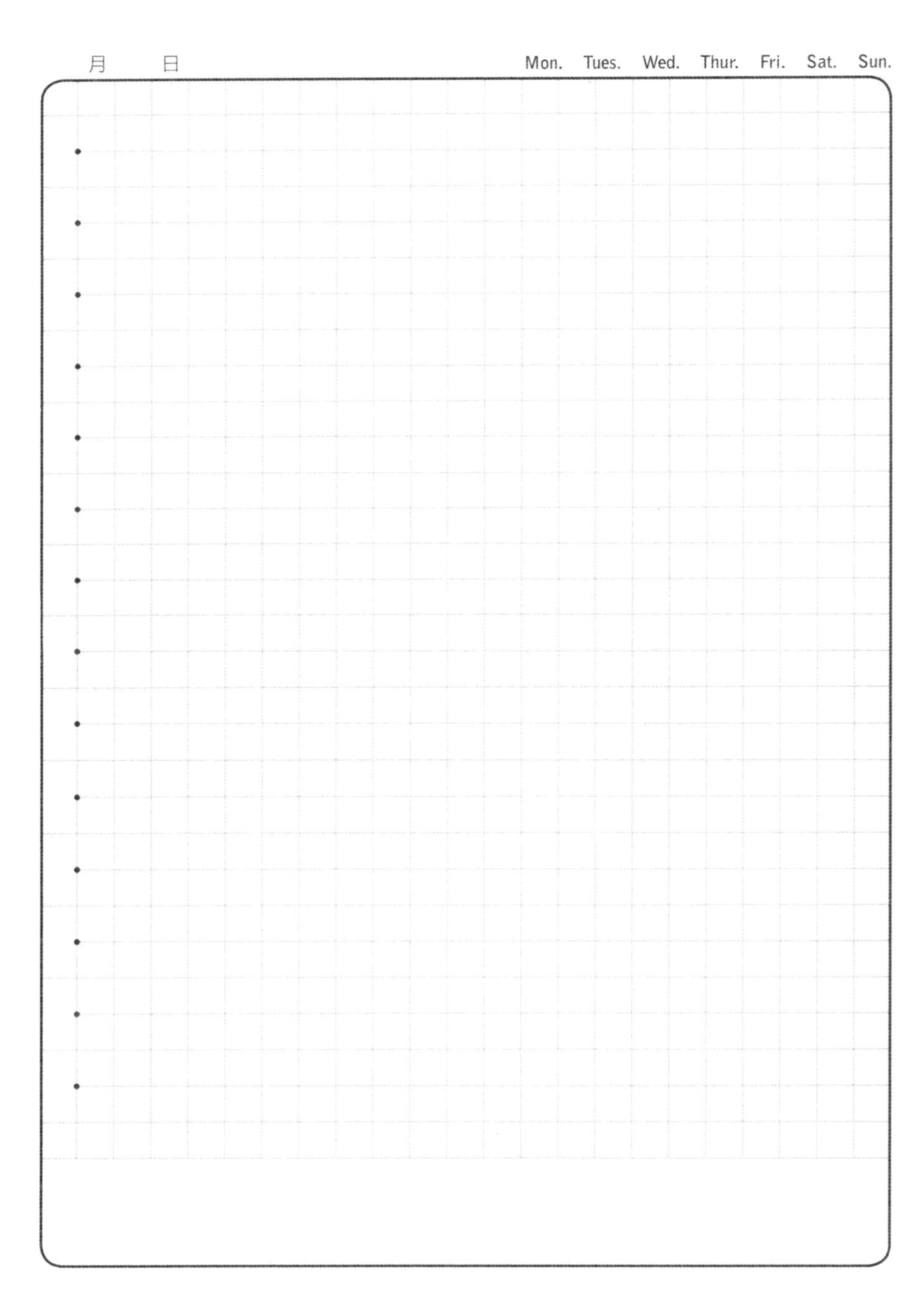
月 日
Mon. Tues. Wed. Thur. Fri. Sat. Sun.

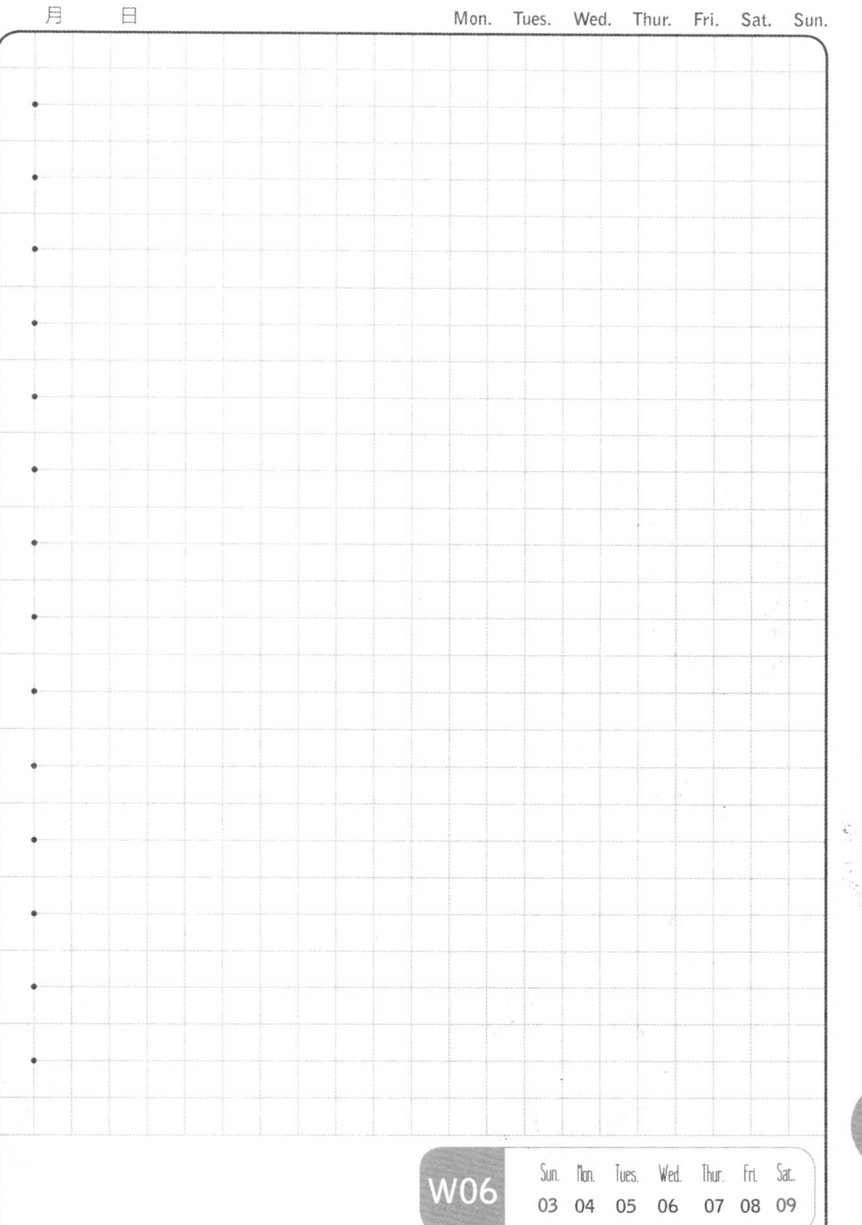
月 日
Mon. Tues. Wed. Thur. Fri. Sat. Sun.
W06
Sun. Mon. Tues. Wed. Thur. Fri. Sat.
03 04 05 06 07 08 09

遇见

形单影只生出的自怨自怜，
令人懊恼，
直到遇见你。
两人吃饭，
变成期待。
你喜欢我忙碌的模样，
我喜欢你期待的神情，
那是我们，
坚持的理由。

月　　日　　Mon.　Tues.　Wed.　Thur.　Fri.　Sat.　Sun.

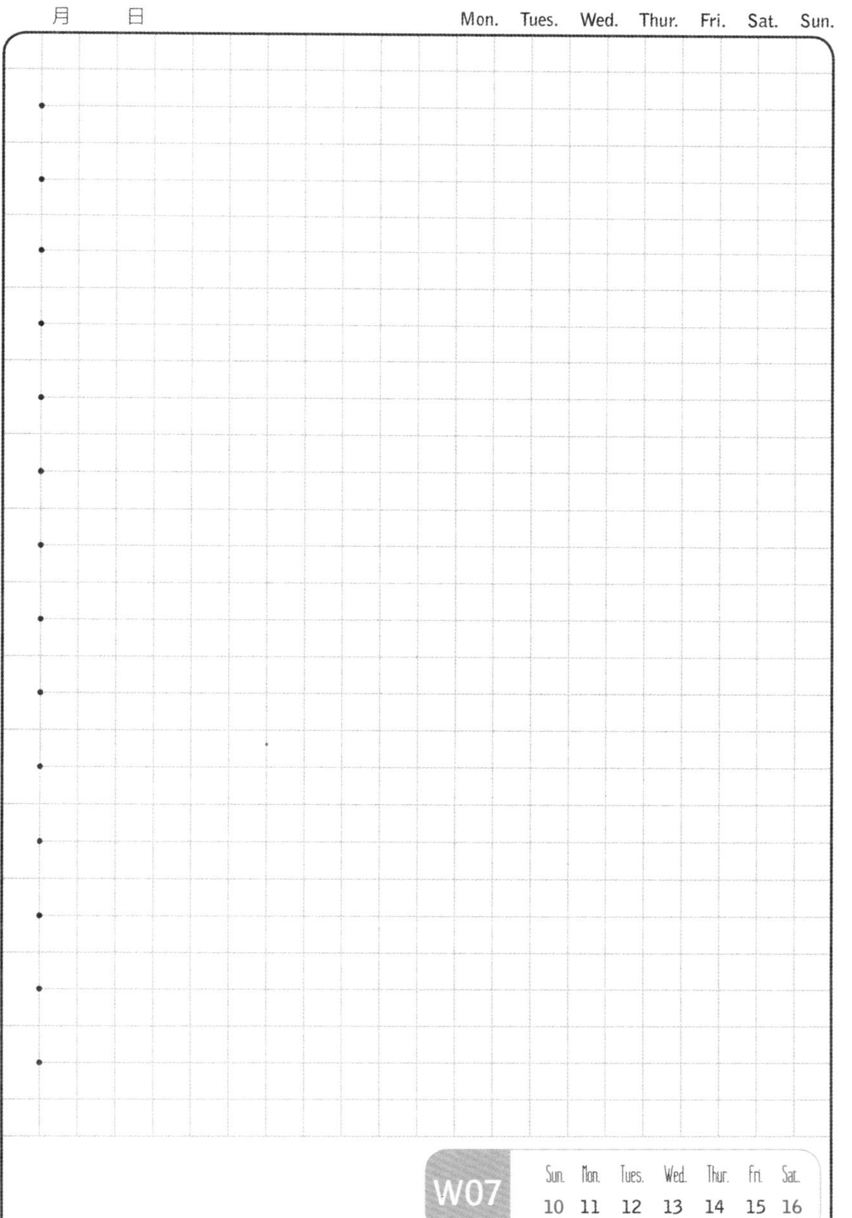

W07	Sun.	Mon.	Tues.	Wed.	Thur.	Fri.	Sat.
	10	11	12	13	14	15	16

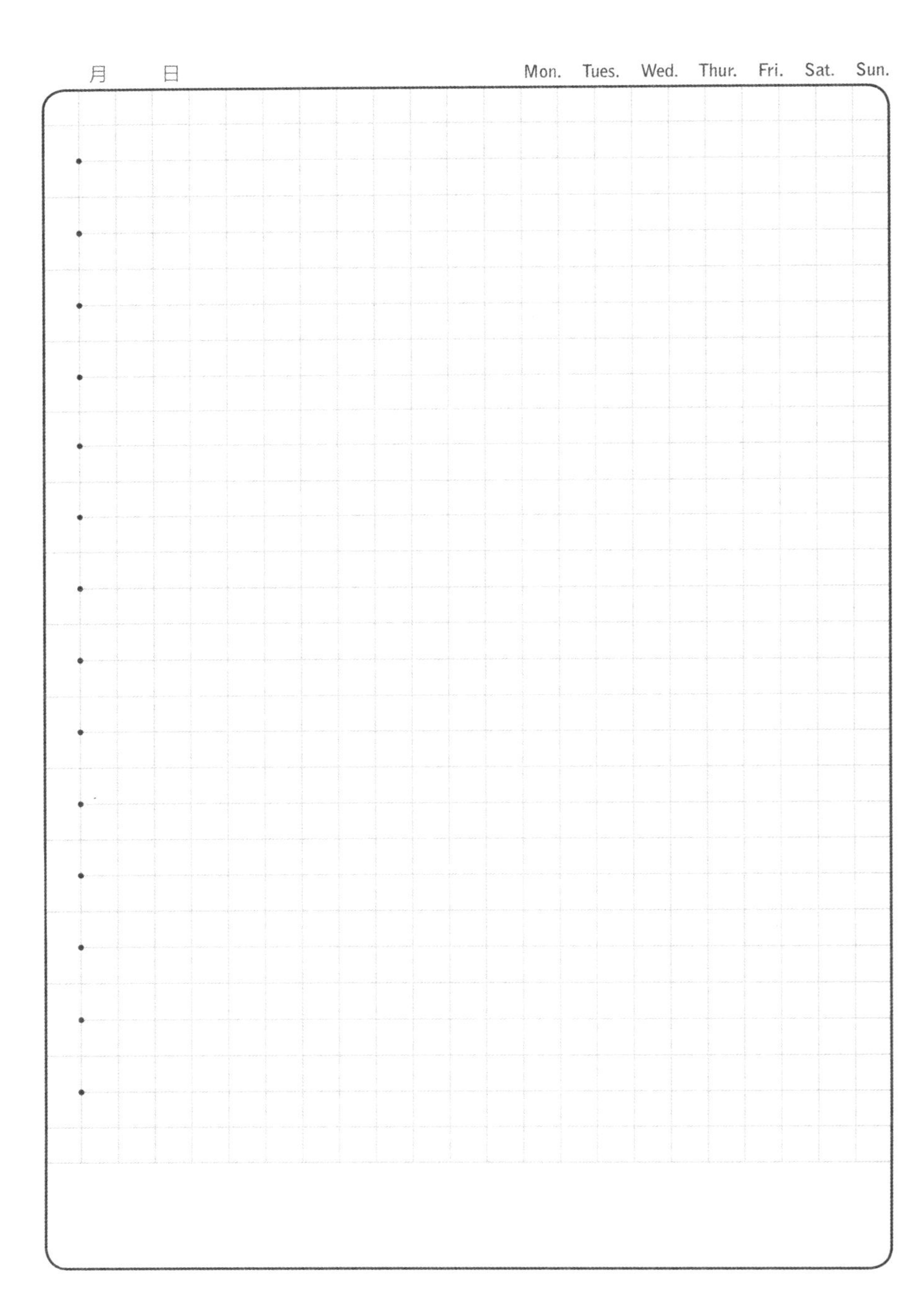

月 日
Mon. Tues. Wed. Thur. Fri. Sat. Sun.

月　　日　　Mon.　Tues.　Wed.　Thur.　Fri.　Sat.　Sun.

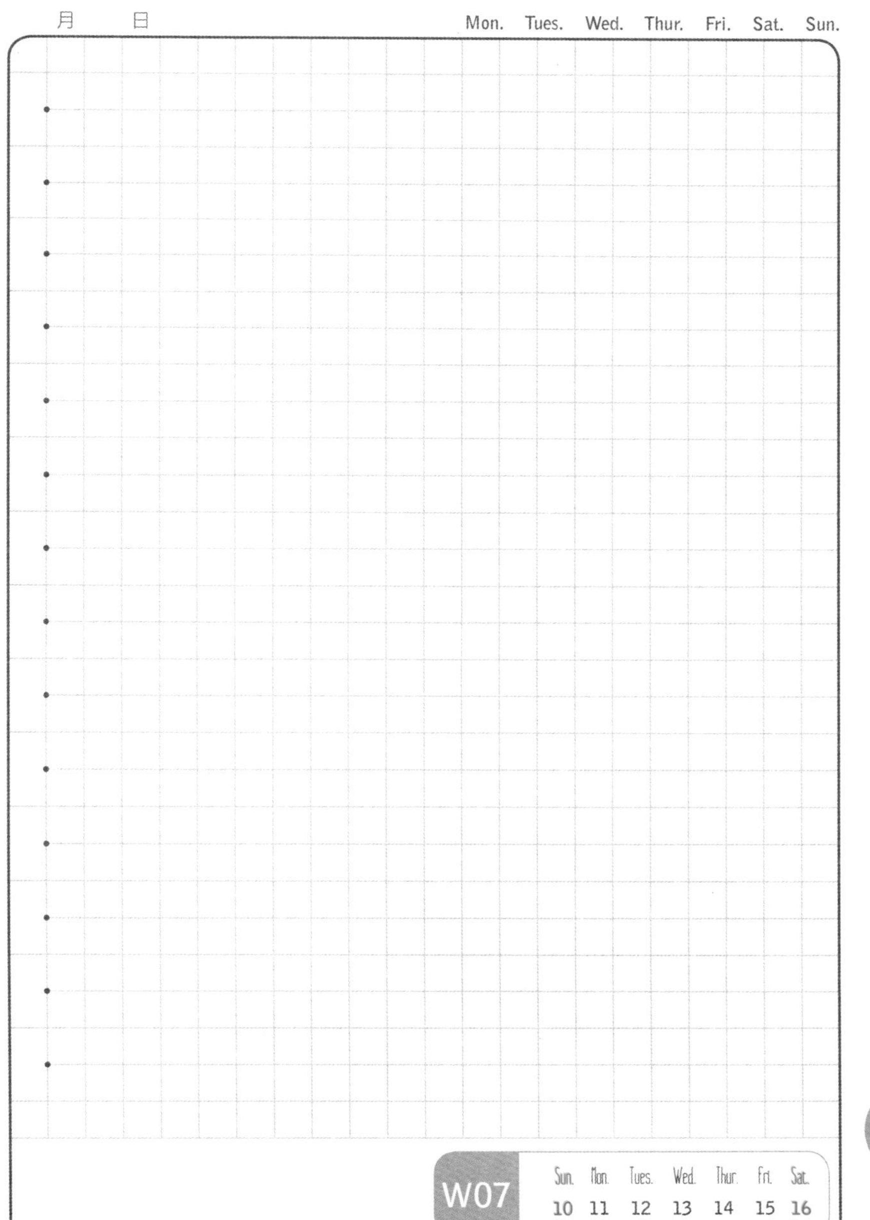

春天里

《月令七十二候集解》记载，正月中，天一生水。春始属木，然生木者必水也，故立春后继之雨水。且东风既解冻，则散而为雨矣。

东风解冻，散而为雨，乍暖还寒，万物苏醒，红柳抽芽，青笋出头，这是气象意义上真正春天的到来。知道你刚经历了一场寒冬，吃完这白饭和烧菜，快到春天里来吧。

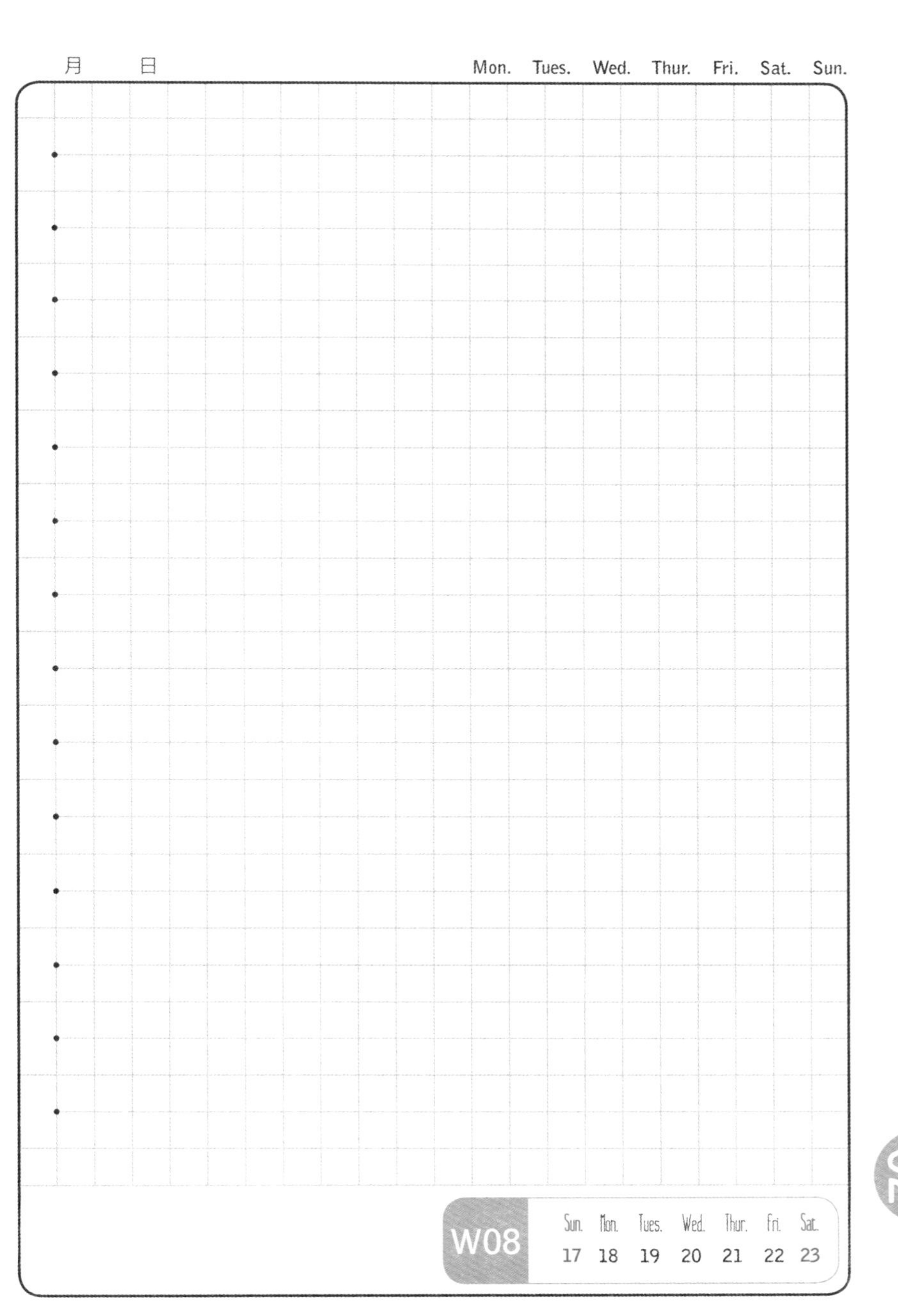

月 日
Mon. Tues. Wed. Thur. Fri. Sat. Sun.
W08
Sun. Mon. Tues. Wed. Thur. Fri. Sat.
17 18 19 20 21 22 23
02

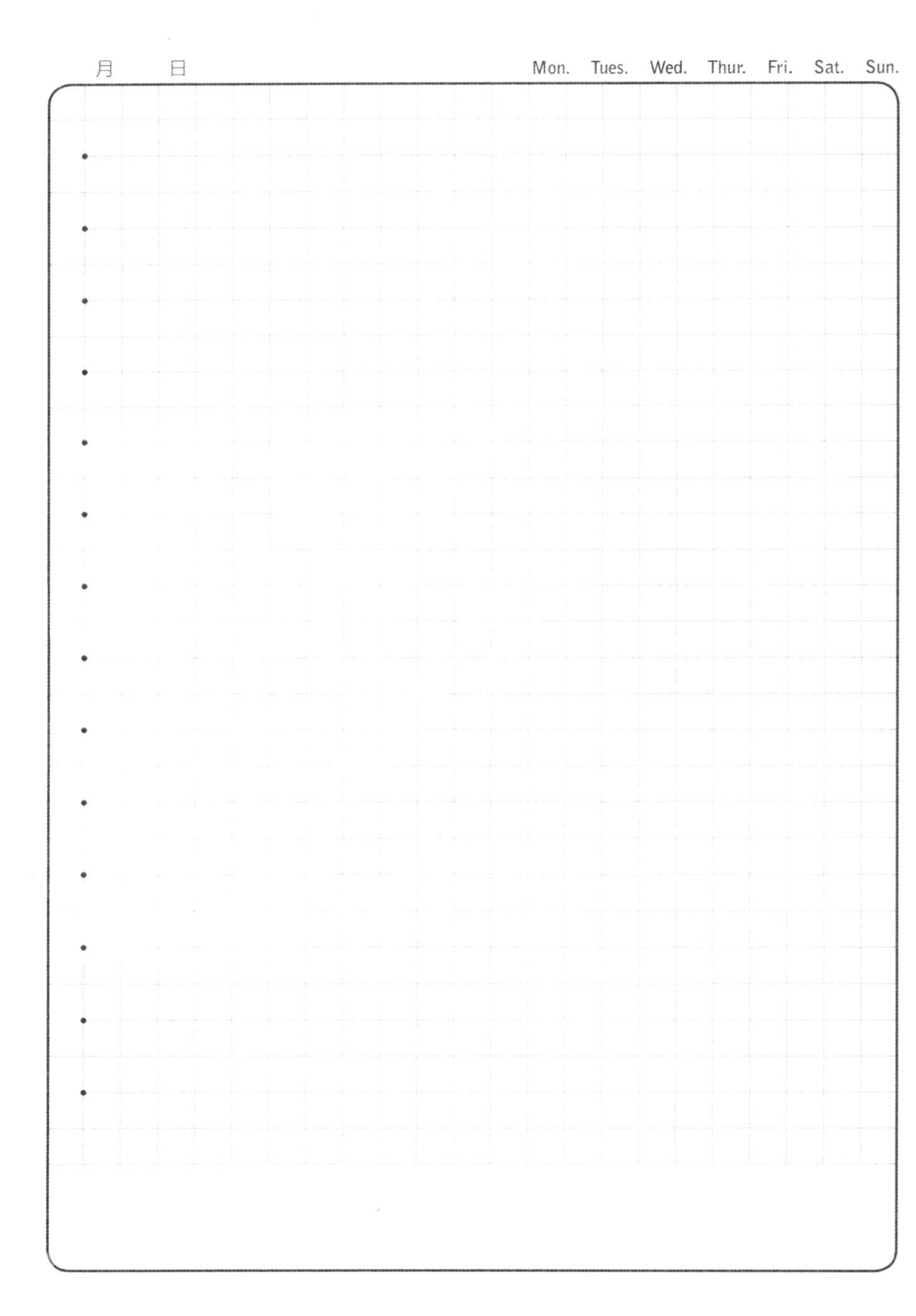
月 日
Mon. Tues. Wed. Thur. Fri. Sat. Sun.

月 日 Mon. Tues. Wed. Thur. Fri. Sat. Sun.

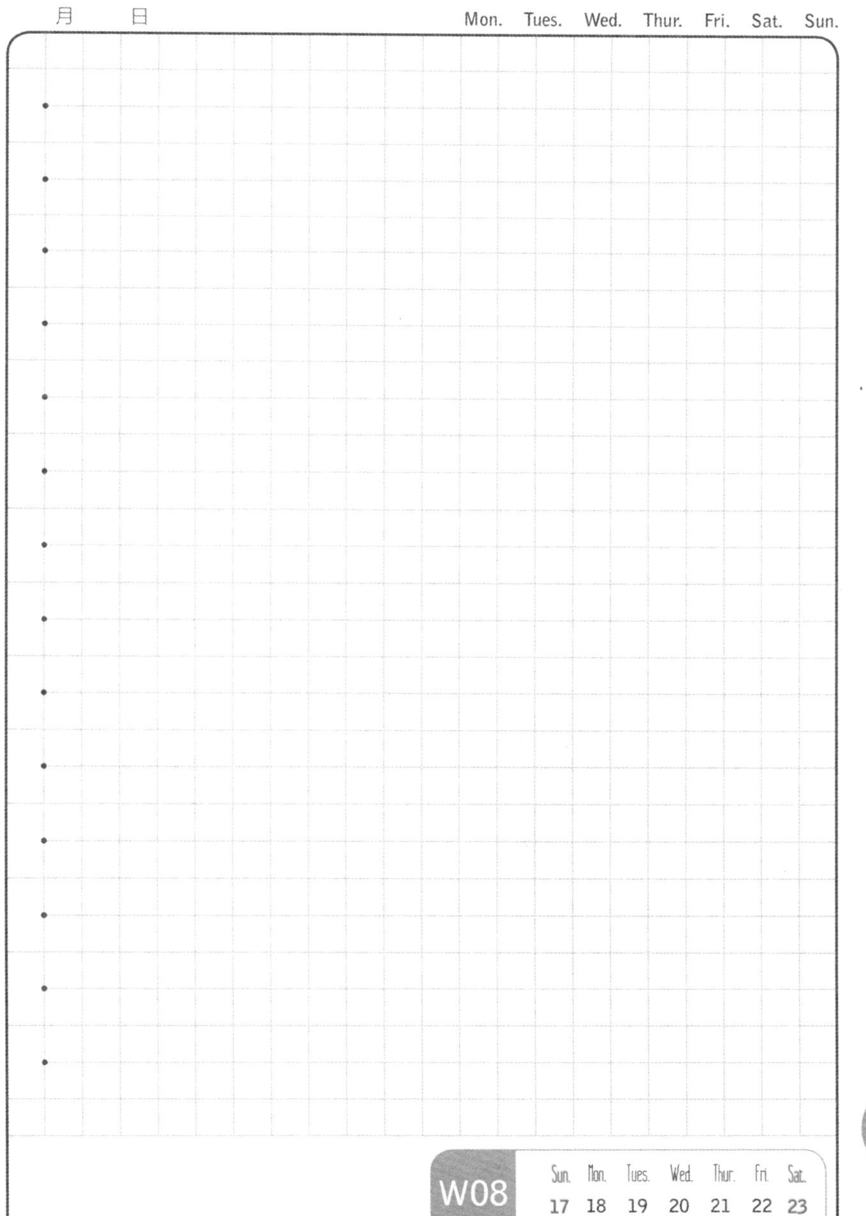

礼物

新鲜的圆生菜是我很喜欢的食材，叶状生菜没有不好，只是更适合用来蘸酱和包住五花肉。颜色看起来像紫水晶的甘蓝富含抗氧化剂——这可是对抗衰老并让你保持活力的元素。

体态优雅的是圣女果，艳红得让人联想到爱情。轻油煎过的虾散发着海洋独特而甜美的香气，像婴儿一般蜷缩着就是最新鲜的证明。

食物是自然赋予我们的礼物，如果你我真心多一些，这礼物会愈来愈美丽和珍贵。

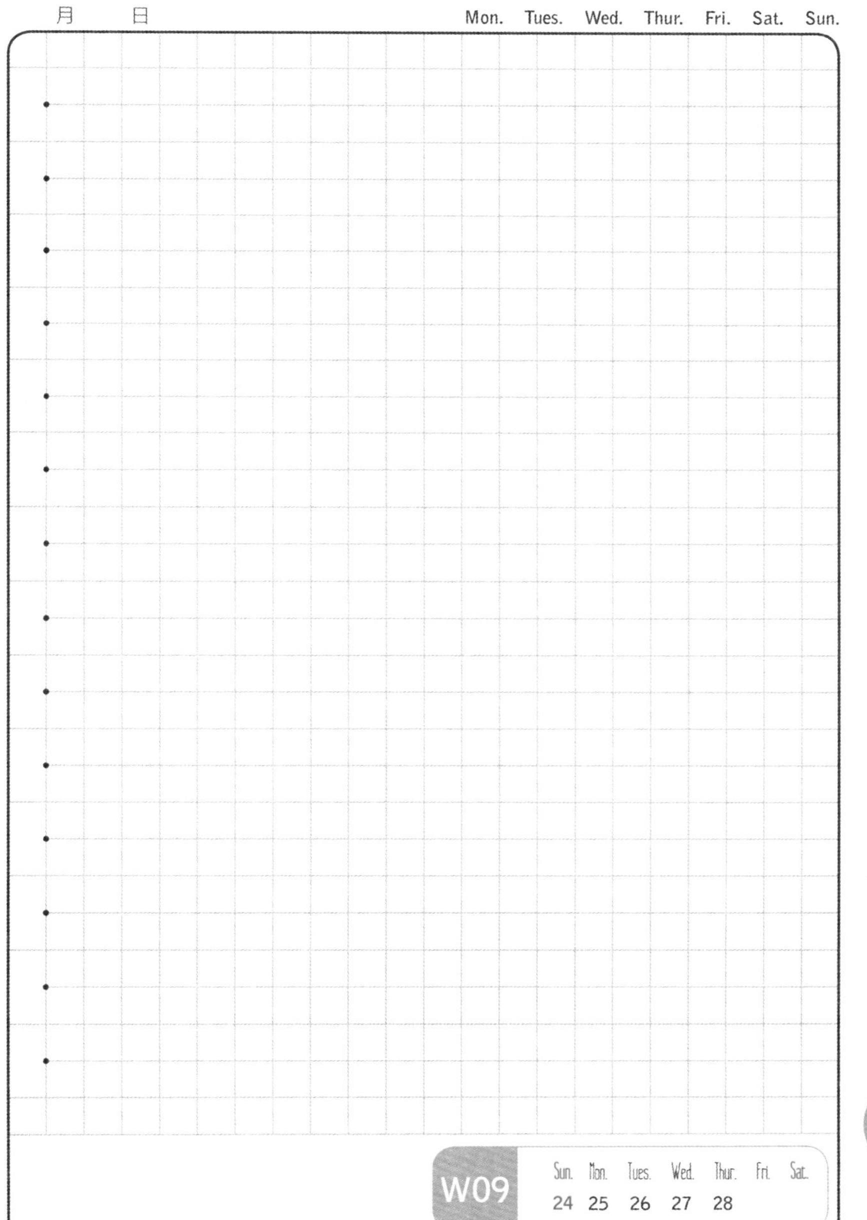
月 日
Mon. Tues. Wed. Thur. Fri. Sat. Sun.
W09
Sun. Mon. Tues. Wed. Thur. Fri. Sat.
24 25 26 27 28

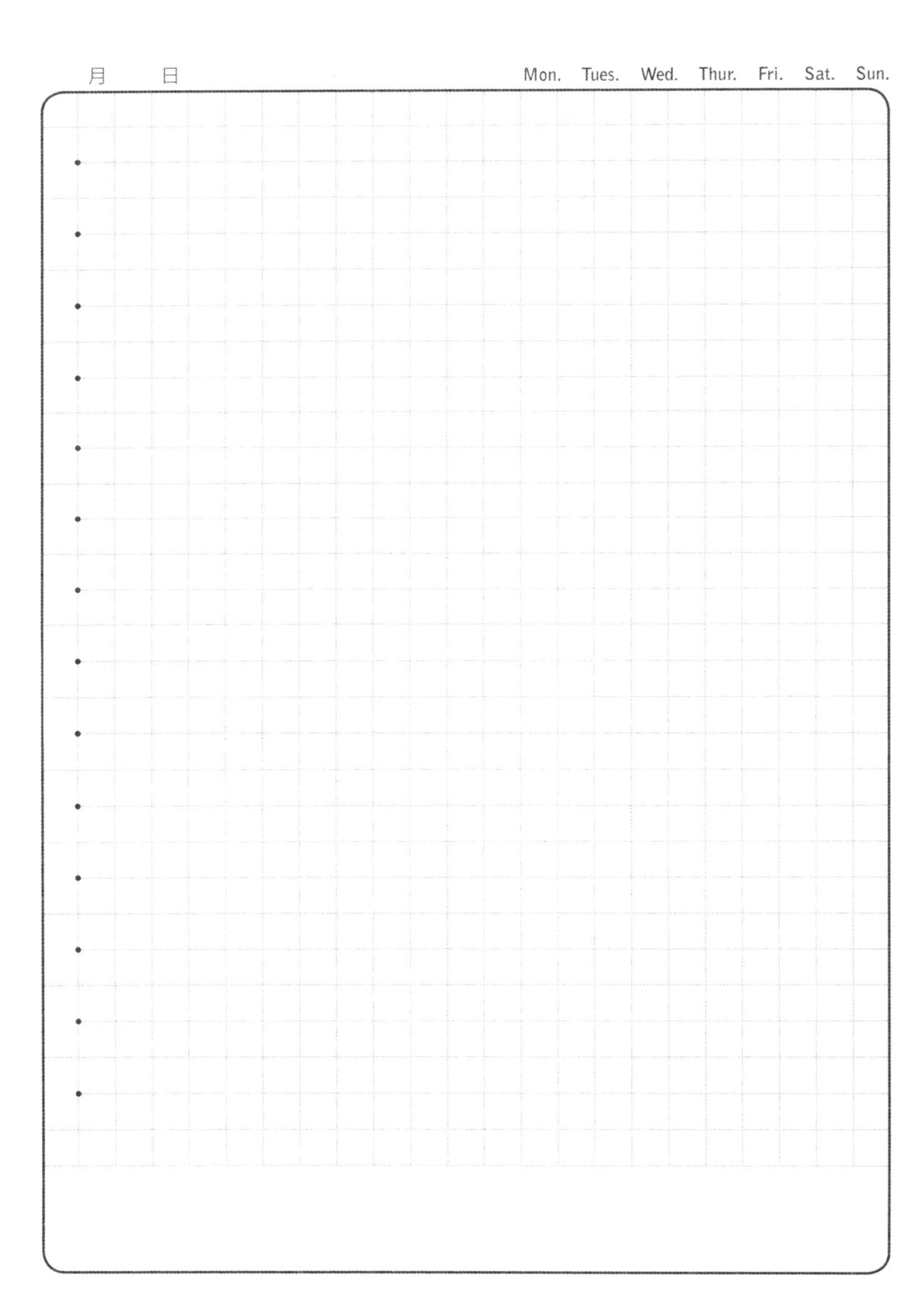
月 日
Mon. Tues. Wed. Thur. Fri. Sat. Sun.

月　日　Mon.　Tues.　Wed.　Thur.　Fri.　Sat.　Sun.

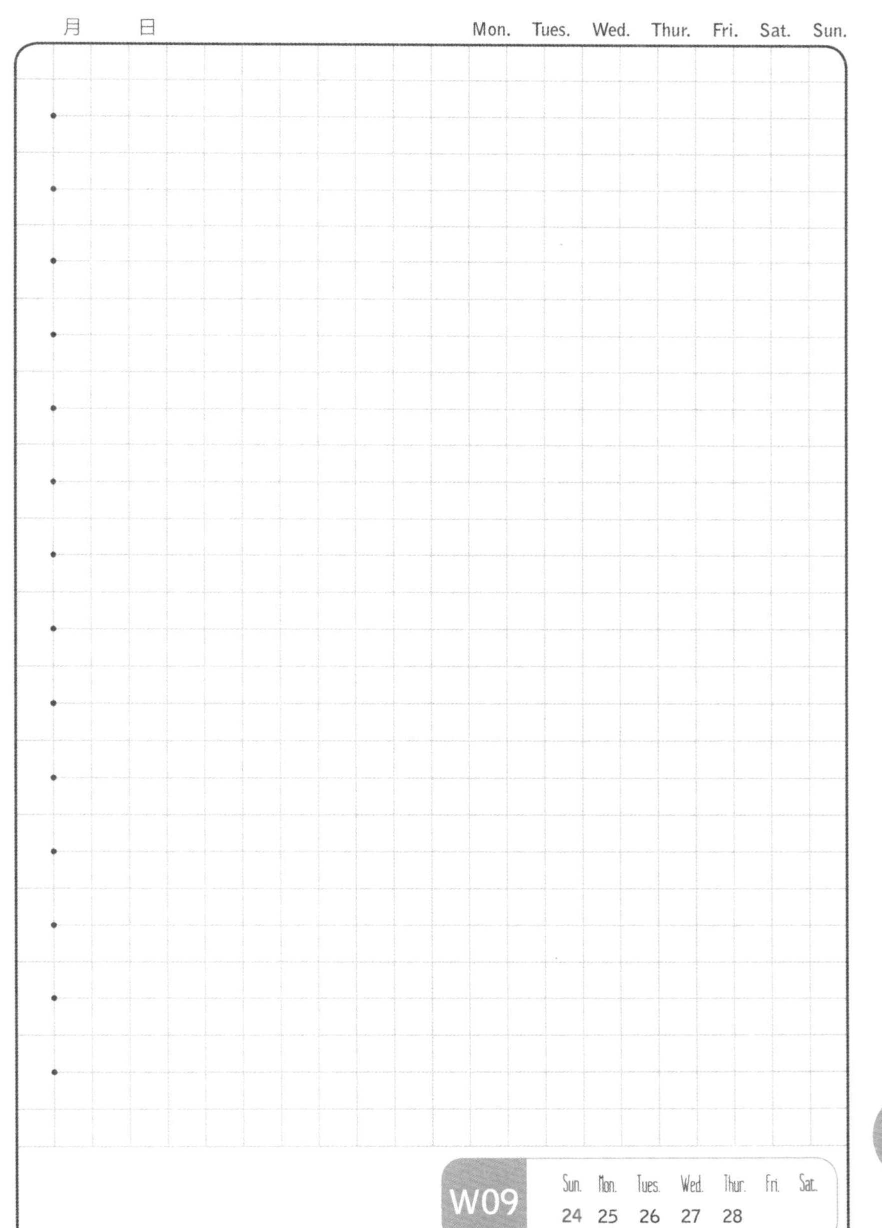

03

MARCH

SUN.	MON.	TUE.
廿七 03	廿八 04	廿九 05
初四 10	初五 11	植树节 12
十一 17	十二 18	十三 19
十八/廿五 24/31	十九 25	二十 26

WED.	THU.	FRI.	SAT.
		廿五 01	廿六 02
惊蛰 06	二月 07	妇女节 08	初三 09
初七 13	初八 14	初九 15	初十 16
十四 20	春分 21	十六 22	十七 23
廿一 27	廿二 28	廿三 29	廿四 30

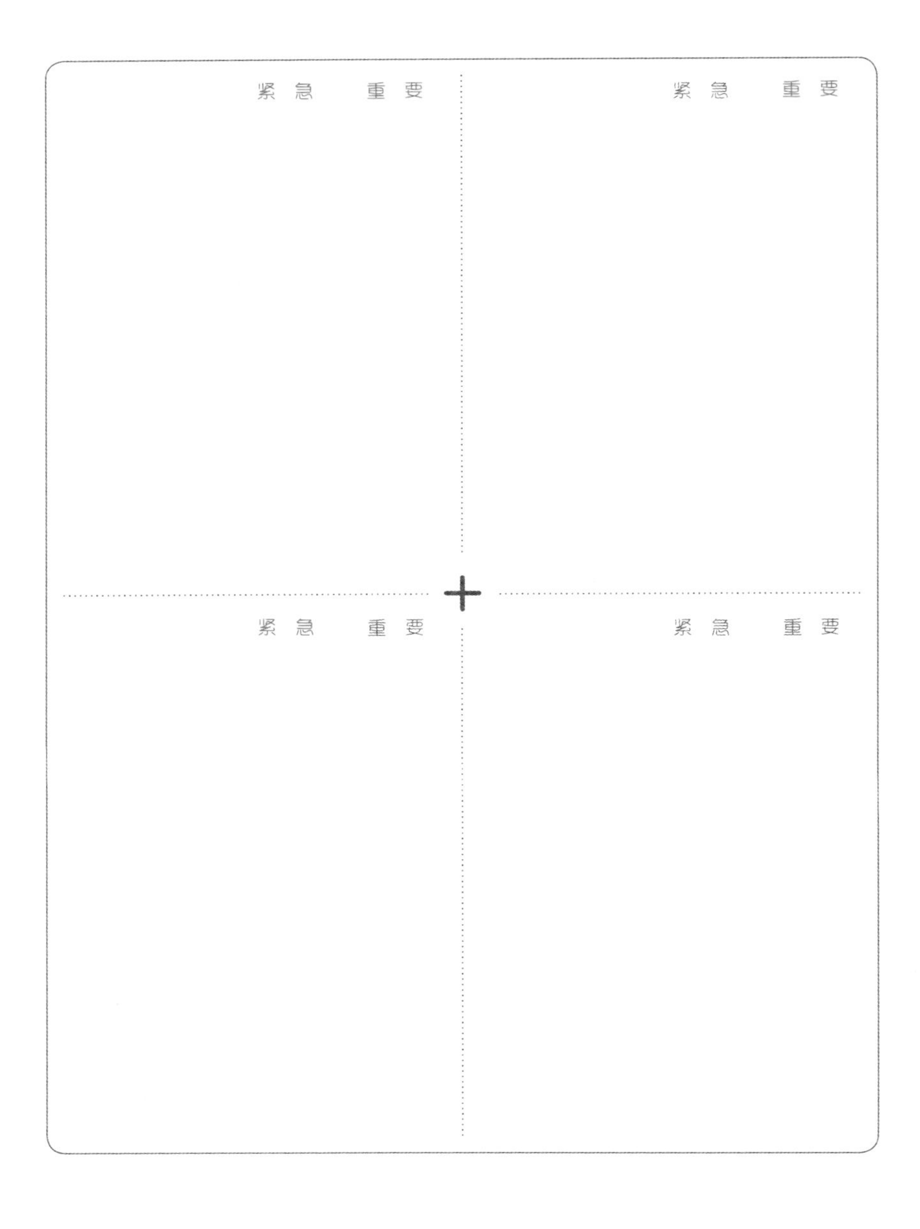
紧急 重要
紧急 重要
紧急 重要
紧急 重要

月　　日　　Mon.　Tues.　Wed.　Thur.　Fri.　Sat.　Sun.

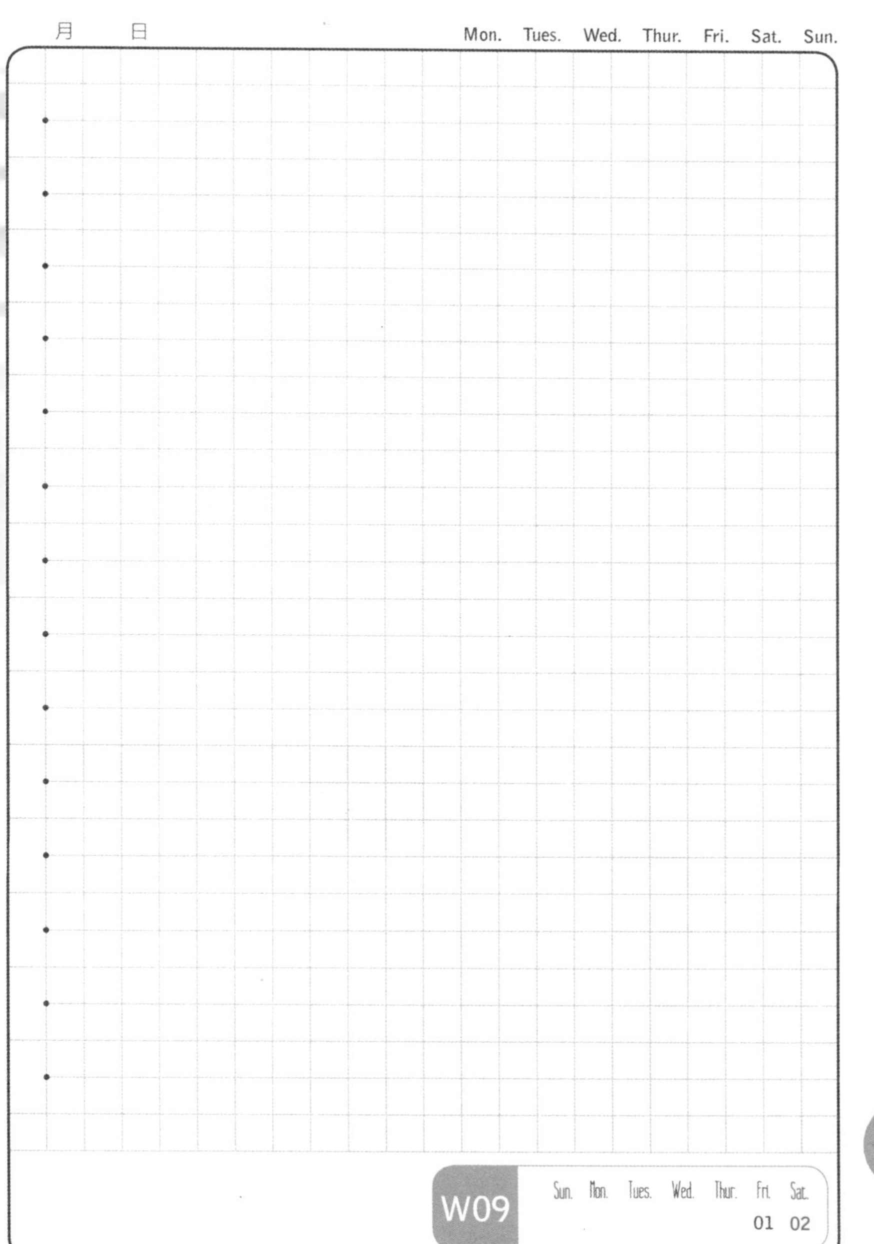

惊着了

惊蛰，仲春时节的开始，动物入冬藏伏土中不饮不食为「蛰」；春雷惊醒蛰居的动物为「惊」。从这天起蛰虫惊醒，天气转暖并渐有春雷，中国大部分地区进入春耕时节。

突然大发玩心，便去试菜。冷柜里有条牛柳，料理方式无非煎炒烤焗，恰似寒冬里不饮不食的蛰虫——任你何种方式惊它却只自顾自地睡，非得春雷惊醒不可。

随手拿起一罐辣子，开盖后香气扑鼻娇艳欲滴，这不正是能唤起蛰虫的惊雷吗？

牛柳轻煎后下入辣子的一瞬间，惊着了。

铺底的酸奶是惊雷过后的春雨，它中和了辣子的「惊」，让这雷也不那么可怕。也是，吓到那虫儿，肉可就不美了。

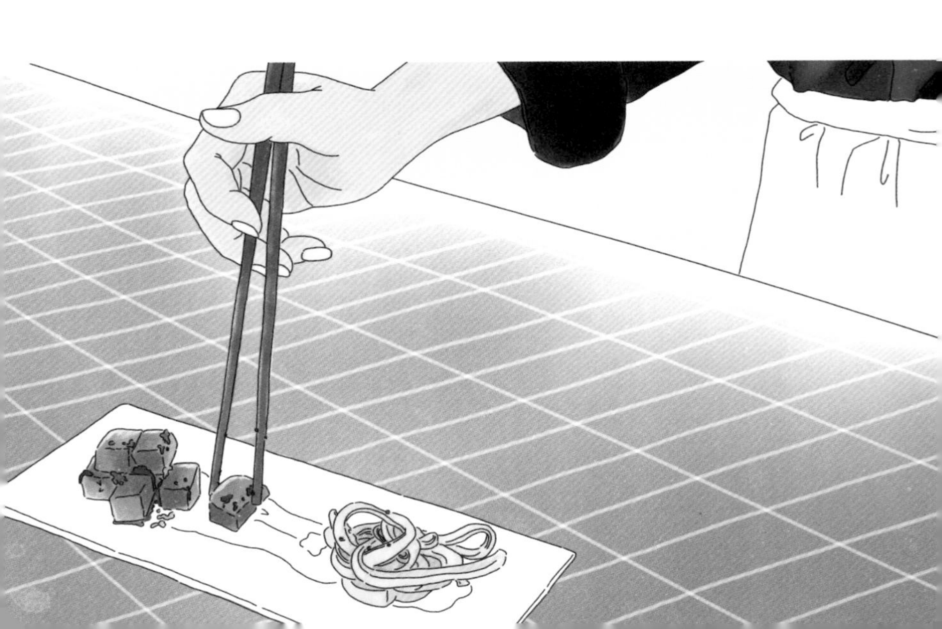

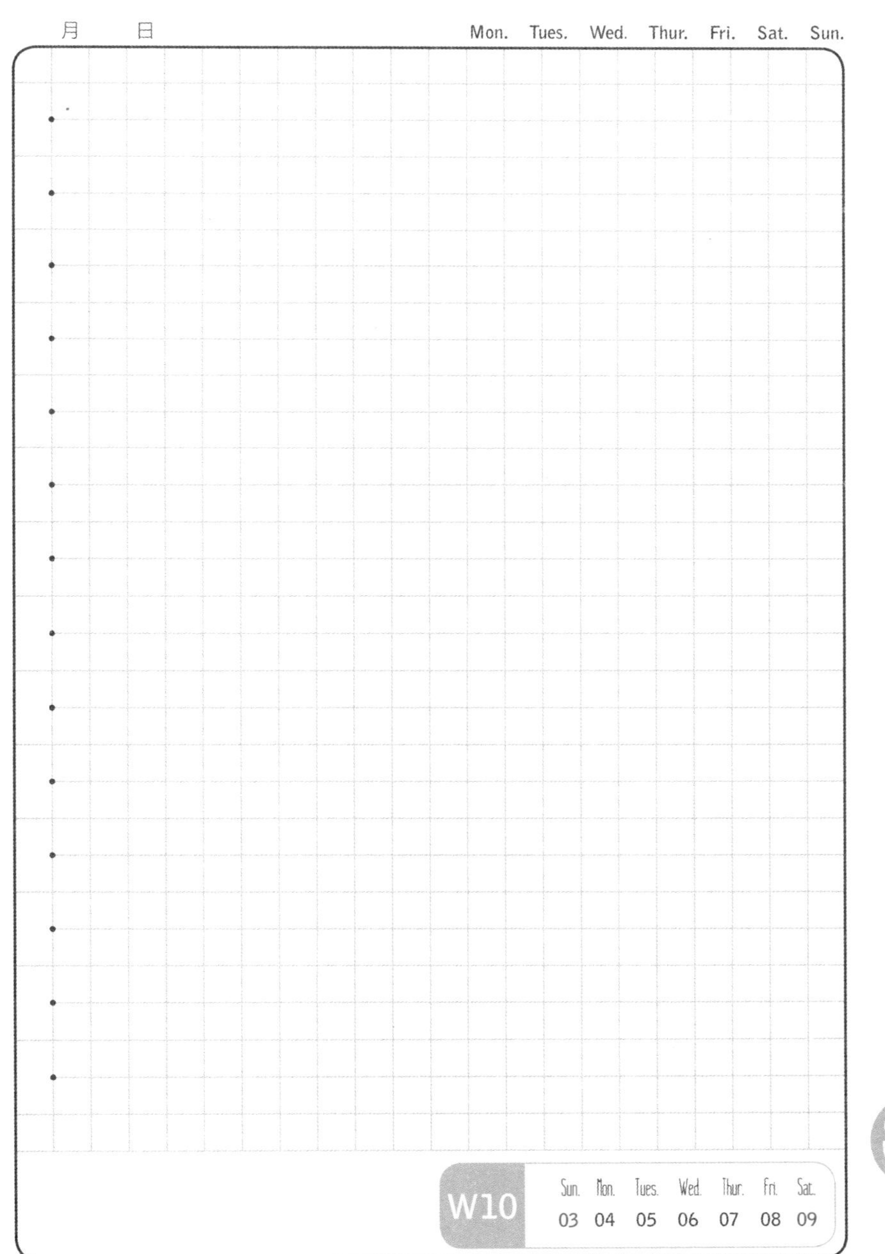
月 日
Mon. Tues. Wed. Thur. Fri. Sat. Sun.
W10
Sun. Mon. Tues. Wed. Thur. Fri. Sat.
03 04 05 06 07 08 09
03

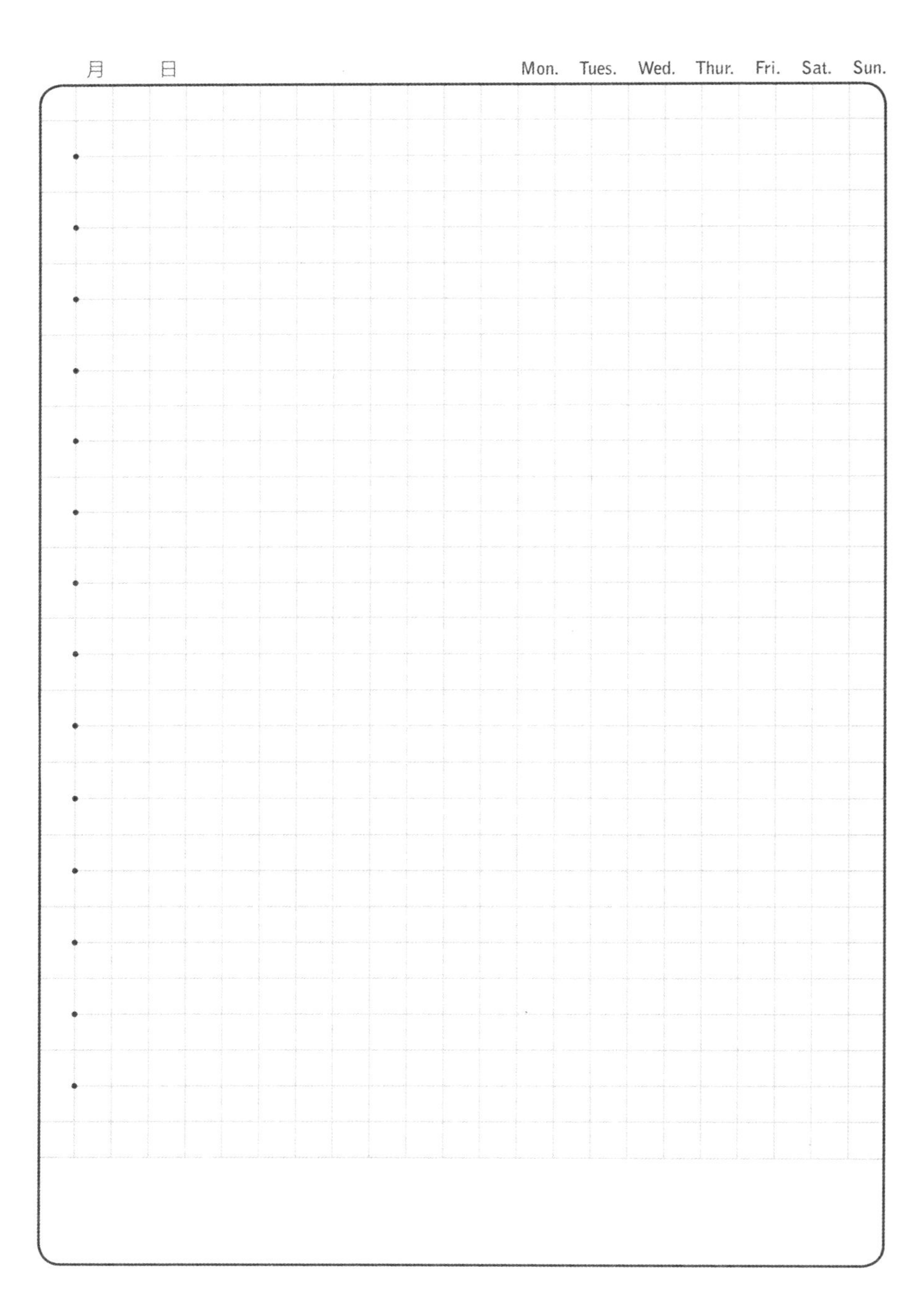
月 日
Mon. Tues. Wed. Thur. Fri. Sat. Sun.

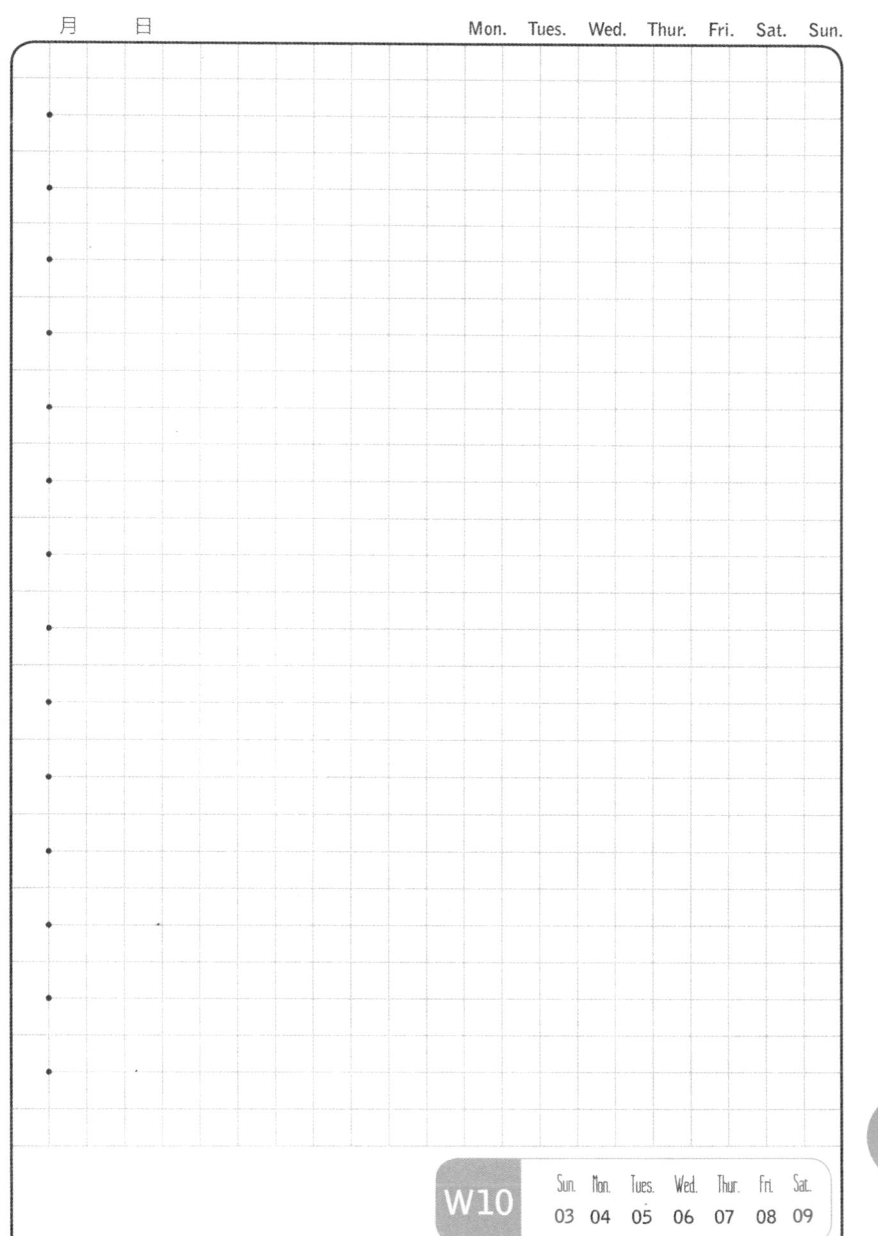
月 日
Mon. Tues. Wed. Thur. Fri. Sat. Sun.
W10
Sun. Mon. Tues. Wed. Thur. Fri. Sat.
03 04 05 06 07 08 09

第11周

鳗鱼饭

自江户时期，日本人开始将鳗鱼作为高档食品来食用，他们相信鳗鱼能补充炎炎夏日里，人们因苦夏少食而流失的营养，所以有「三伏天的丑日吃鳗鱼，整个夏天都不会瘦」的说法。

日本人会在炎炎夏日的午后走进老旧而昏暗的鳗鱼店，根据自己的饥饿程度和钱包的干瘪程度来点一份鳗鱼饭。如果钱包足够慷慨，可以再加一份烤肝，汤无需单点，自带的鱼肝汤已足够鲜美了。

之前一直以为鳗鱼饭的做法是将鳗鱼盖在白米饭上再淋汁。后来一位日本朋友告诉我可以把米提前泡水，加适量酱油、味淋、油和姜丝后做成米饭，鳗鱼处理后放入拌匀，最后浇上味汁和紫苏叶也行。如果想吃一些蔬菜，就在米饭焖制阶段直接加入好了。

米饭在加热过程中吸收了各种食材的味道，吃起来更加复合和醇厚，鳗鱼和蔬菜与米饭拌在一起来吃，则让人想起了小时候妈妈喂饭的方式，真是有些感动呢。

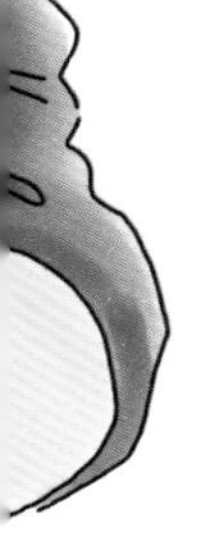

月　　日　　Mon.　Tues.　Wed.　Thur.　Fri.　Sat.　Sun.

月　　日　　Mon.　Tues.　Wed.　Thur.　Fri.　Sat.　Sun.

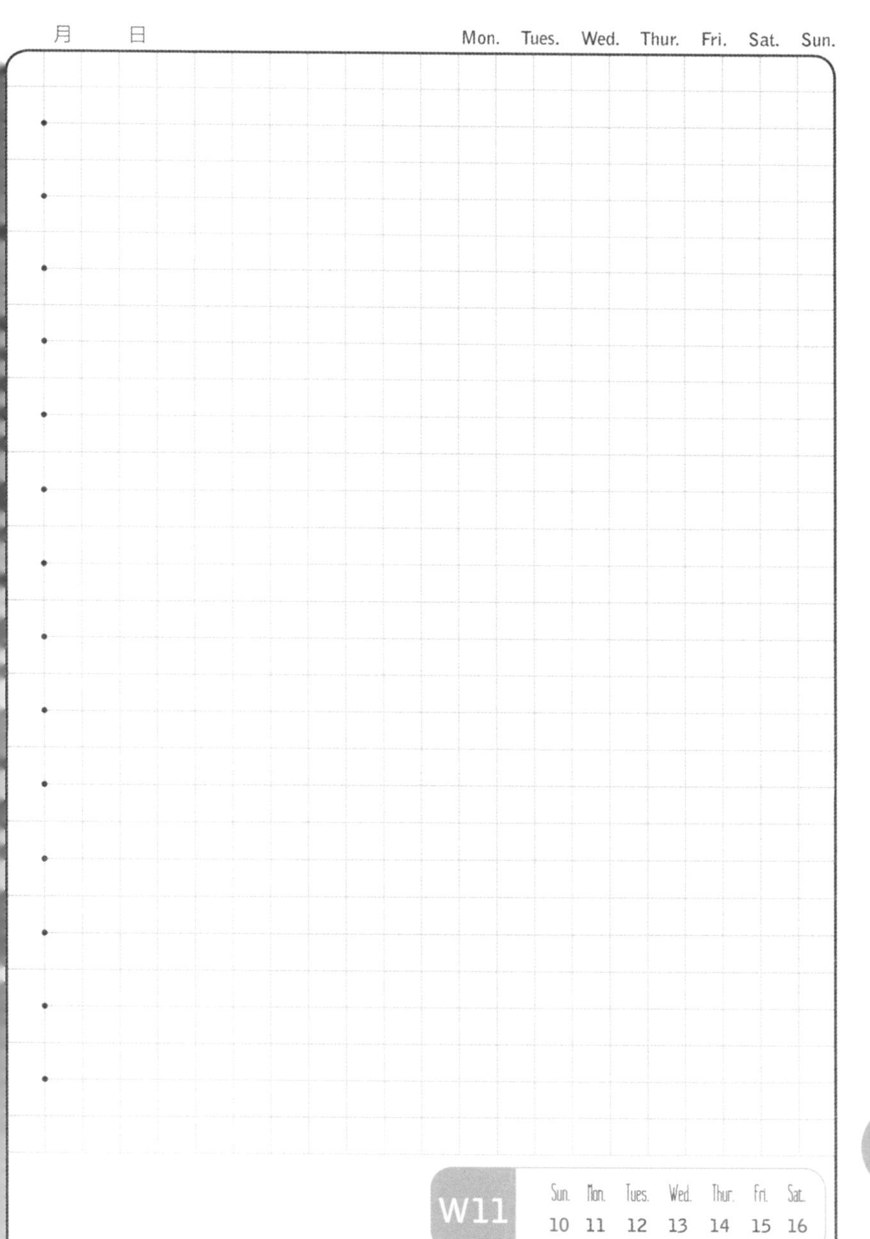

W11

Sun.	Mon.	Tues.	Wed.	Thur.	Fri.	Sat.
10	11	12	13	14	15	16

月 日
Mon. Tues. Wed. Thur. Fri. Sat. Sun.

月　　日　　Mon.　Tues.　Wed.　Thur.　Fri.　Sat.　Sun.

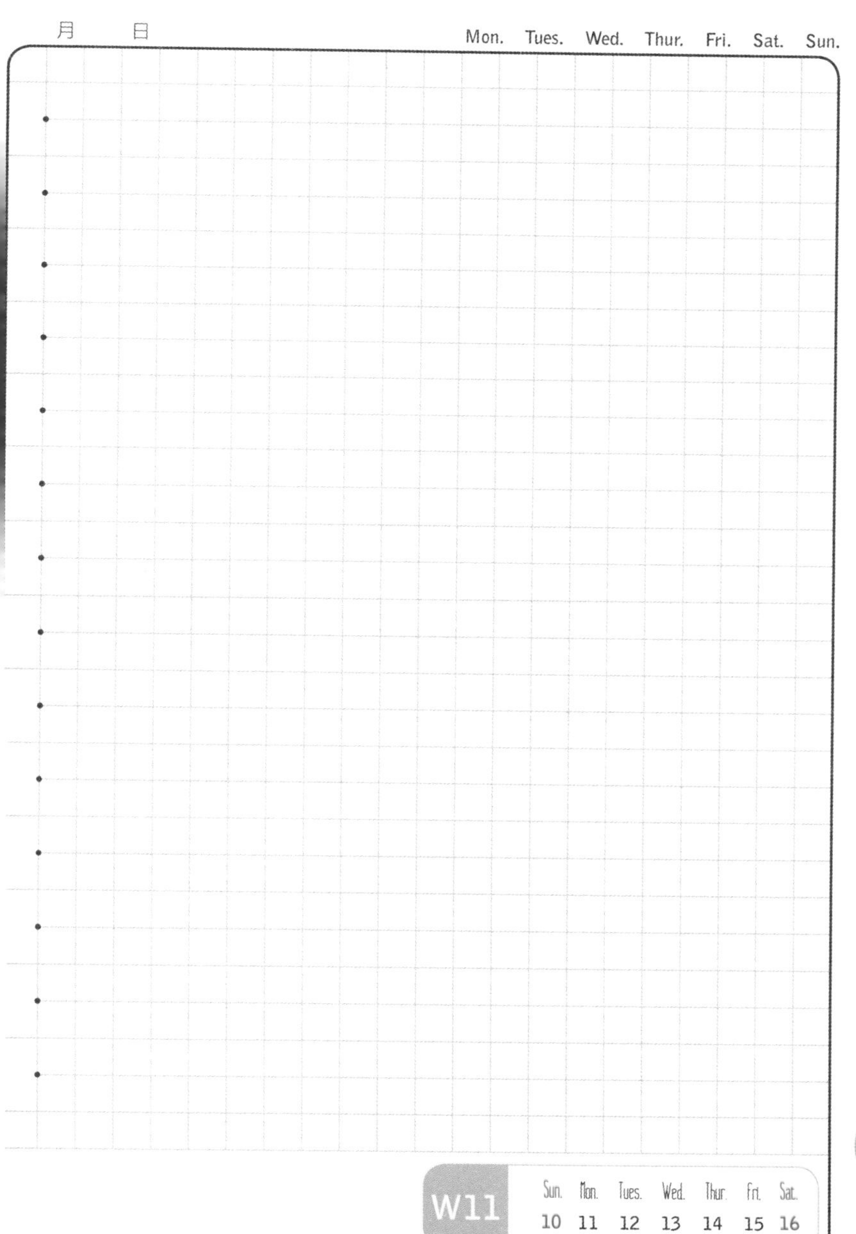

W11

Sun.	Mon.	Tues.	Wed.	Thur.	Fri.	Sat.
10	11	12	13	14	15	16

吃肉

春分日，在古代是君主祭祀的日子，现在是东亚诸国新年的日子。南北半球气候相反，因「分者半」谓之「春分」，秋分也是这个道理。

和我没有太多关系，今日我只想吃肉。蒜片薄了拿去煎脆，猪肉加了大枣一起红烧，这个时候的鲍鱼甚是肥美，心念了阿弥陀佛后一并扔锅里烧了。

心里一直是想做个文化人的，在这个踏青的时节理应去到大自然里簪花饮酒放纸鸢；无奈没文化的身体却诚实地通知我：这个踏青的时节就该窝在宅子里烧肉喝酒睡大觉。阵阵肉香更让我坚定了念头：你的身体已经被春分的肉封印了。

也别嫌我不出去采野菜——毕竟，野花我都不采呢。

月 日
Mon. Tues. Wed. Thur. Fri. Sat. Sun.

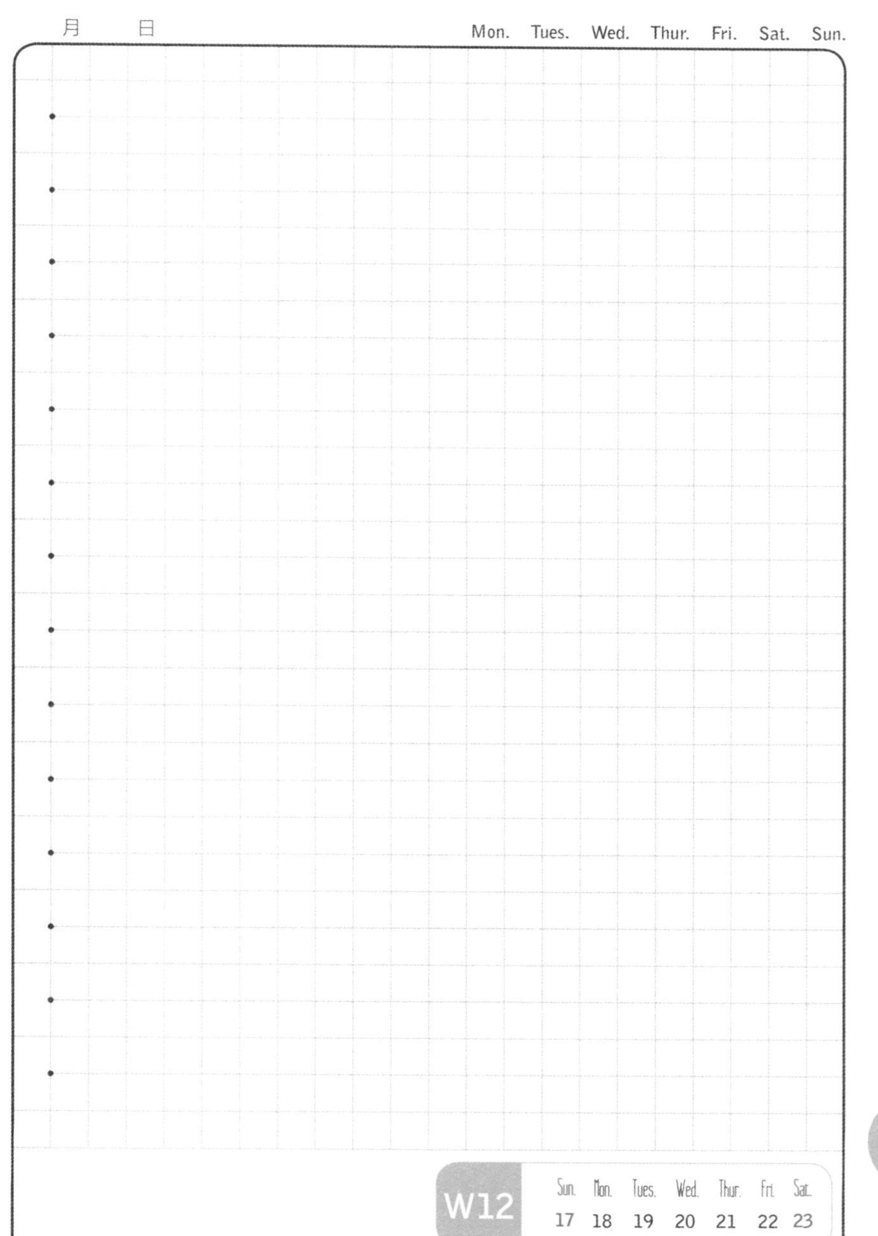
月 日
Mon. Tues. Wed. Thur. Fri. Sat. Sun.
W12
Sun. Mon. Tues. Wed. Thur. Fri. Sat.
17 18 19 20 21 22 23

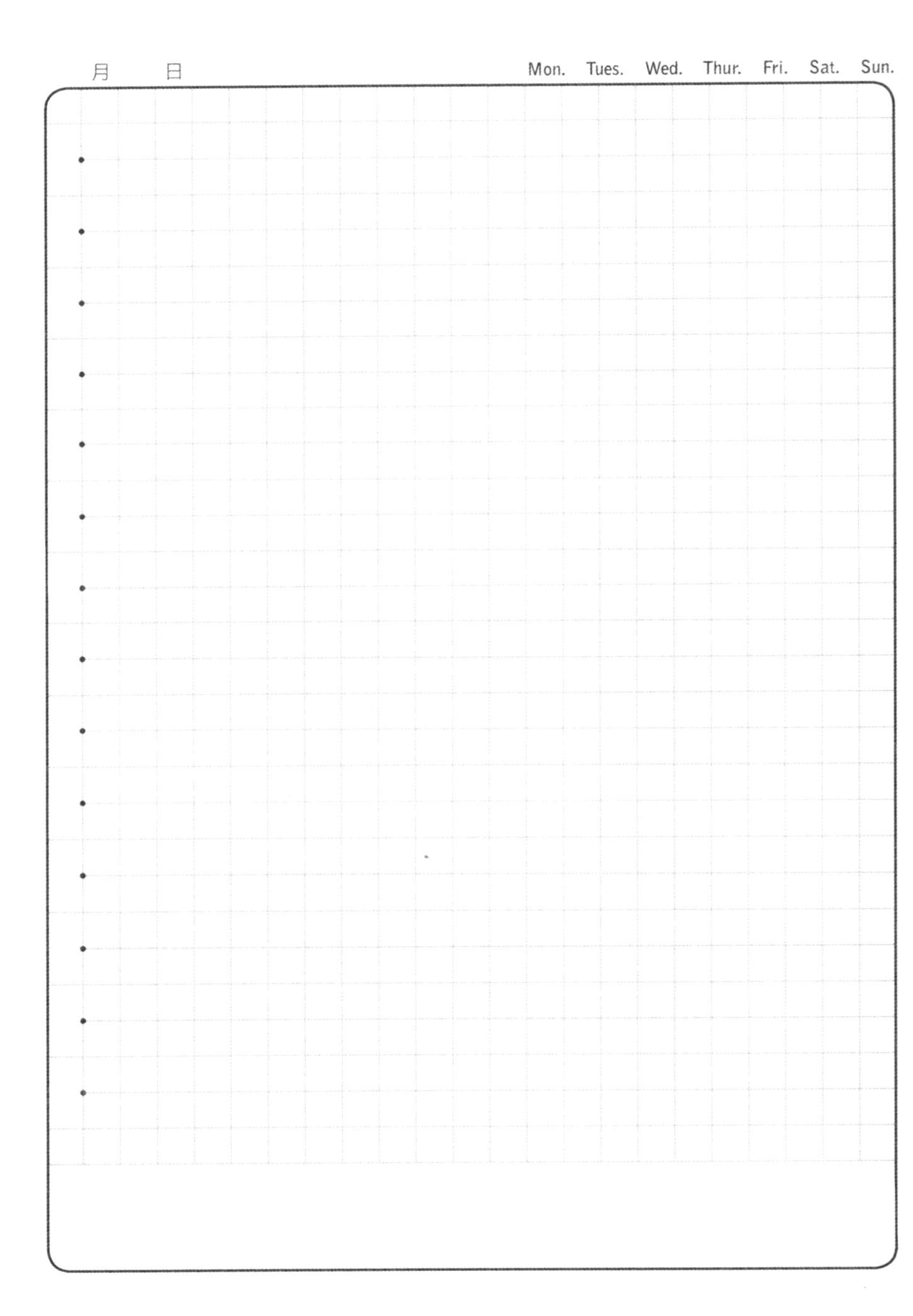

月 日
Mon. Tues. Wed. Thur. Fri. Sat. Sun.

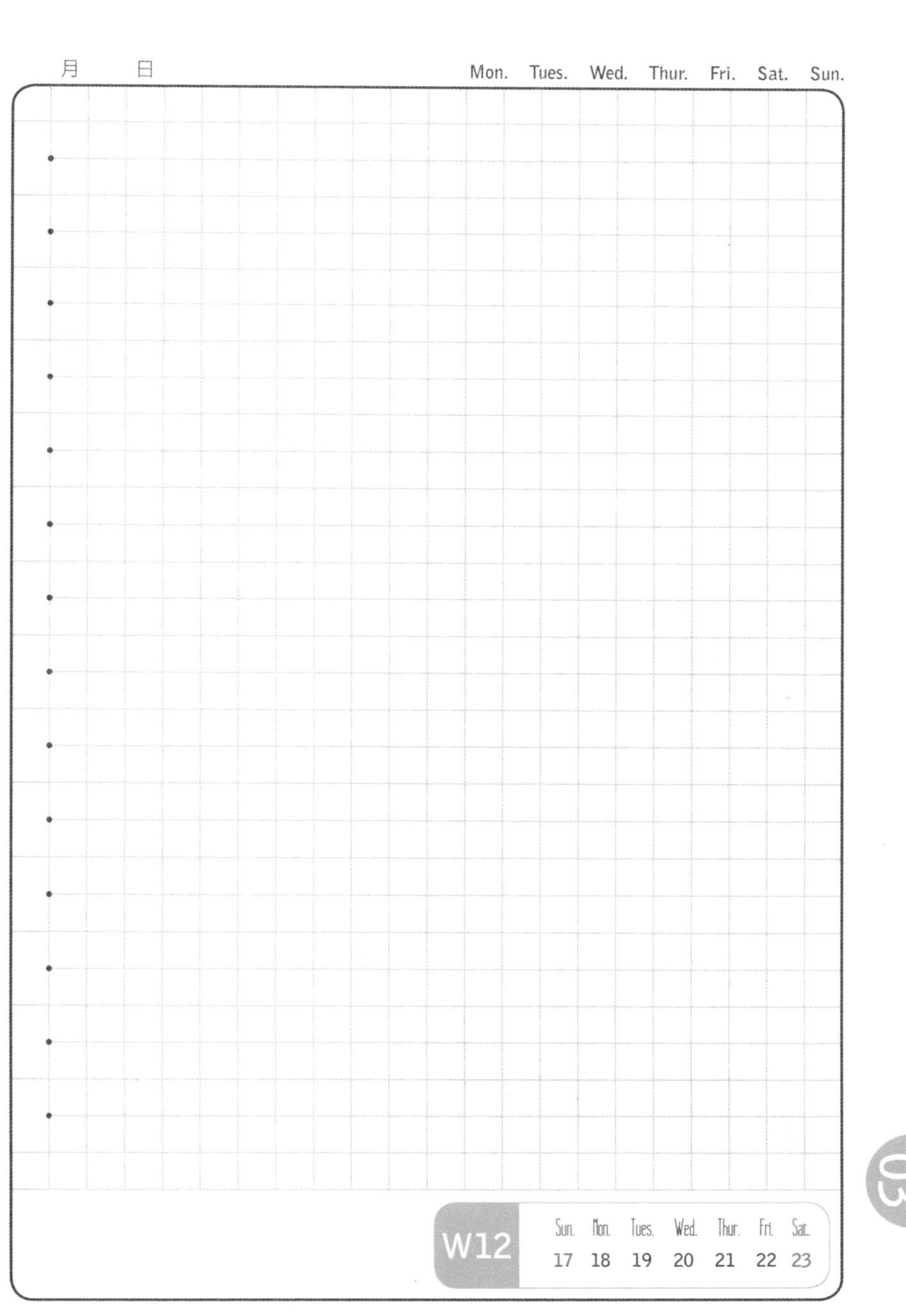

月 日
Mon. Tues. Wed. Thur. Fri. Sat. Sun.
W12
Sun. Mon. Tues. Wed. Thur. Fri. Sat.
17 18 19 20 21 22 23
03

通气

我有一位看照片特美的朋友，她谦虚地说这得益于掌握了修图「妖术」，活着的她黑胖丑。

你以为我瞎吗？

某日她遇到一点事，想和合作方中止合作时，担心人觉她不是玩意儿，更怕人说她不仗义。

不做不是玩意儿的事，人家就不会觉得你不是玩意儿；若做了，还在意别人骂你干嘛？不揍你都赚了。

多大点事烦成这样？这是我新做的白萝卜牛肉饭，通气。吃完就把你的感受塞进肚里，当屁放了。半天，她说好吃，今天天蓝有你的功劳。

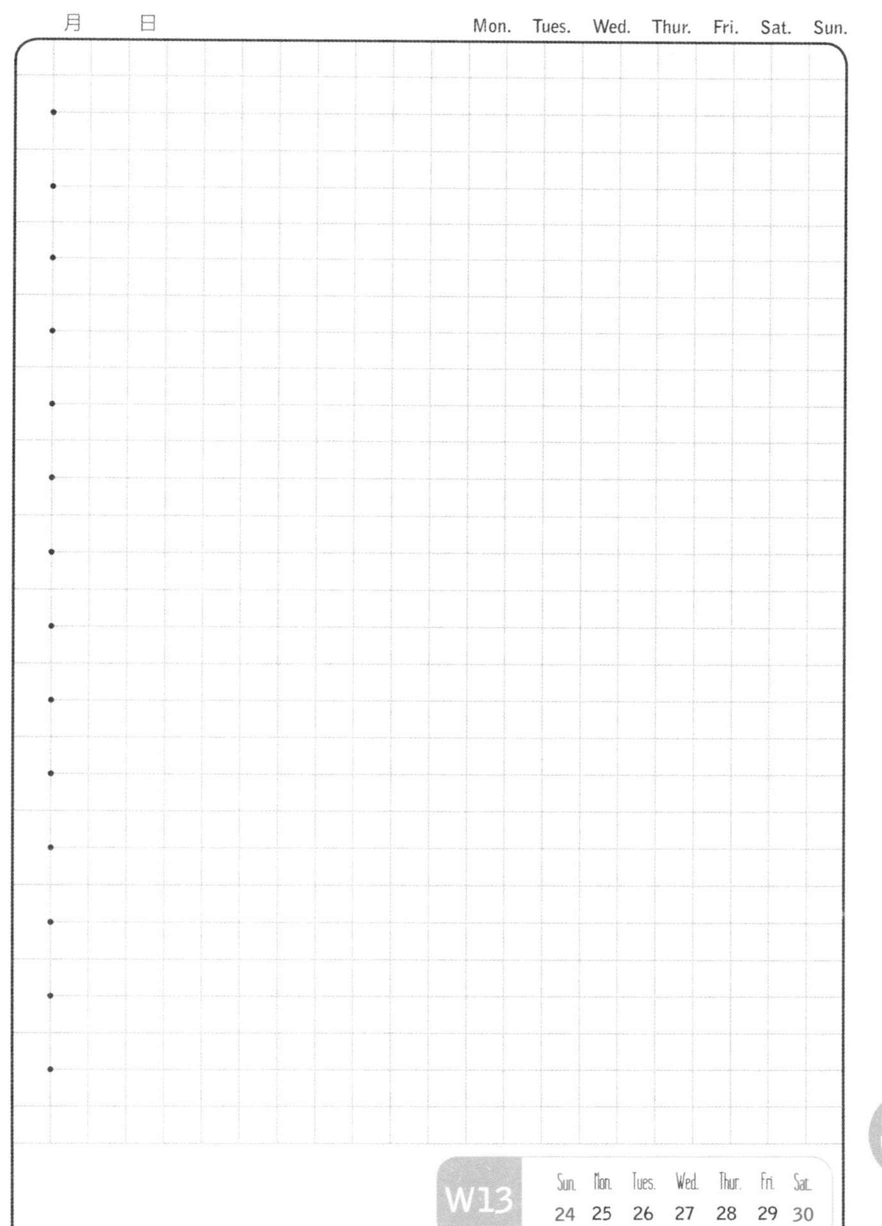
月 日
Mon. Tues. Wed. Thur. Fri. Sat. Sun.
W13
Sun. Mon. Tues. Wed. Thur. Fri. Sat.
24 25 26 27 28 29 30

03

月 日
Mon. Tues. Wed. Thur. Fri. Sat. Sun.

月 日 Mon. Tues. Wed. Thur. Fri. Sat. Sun.

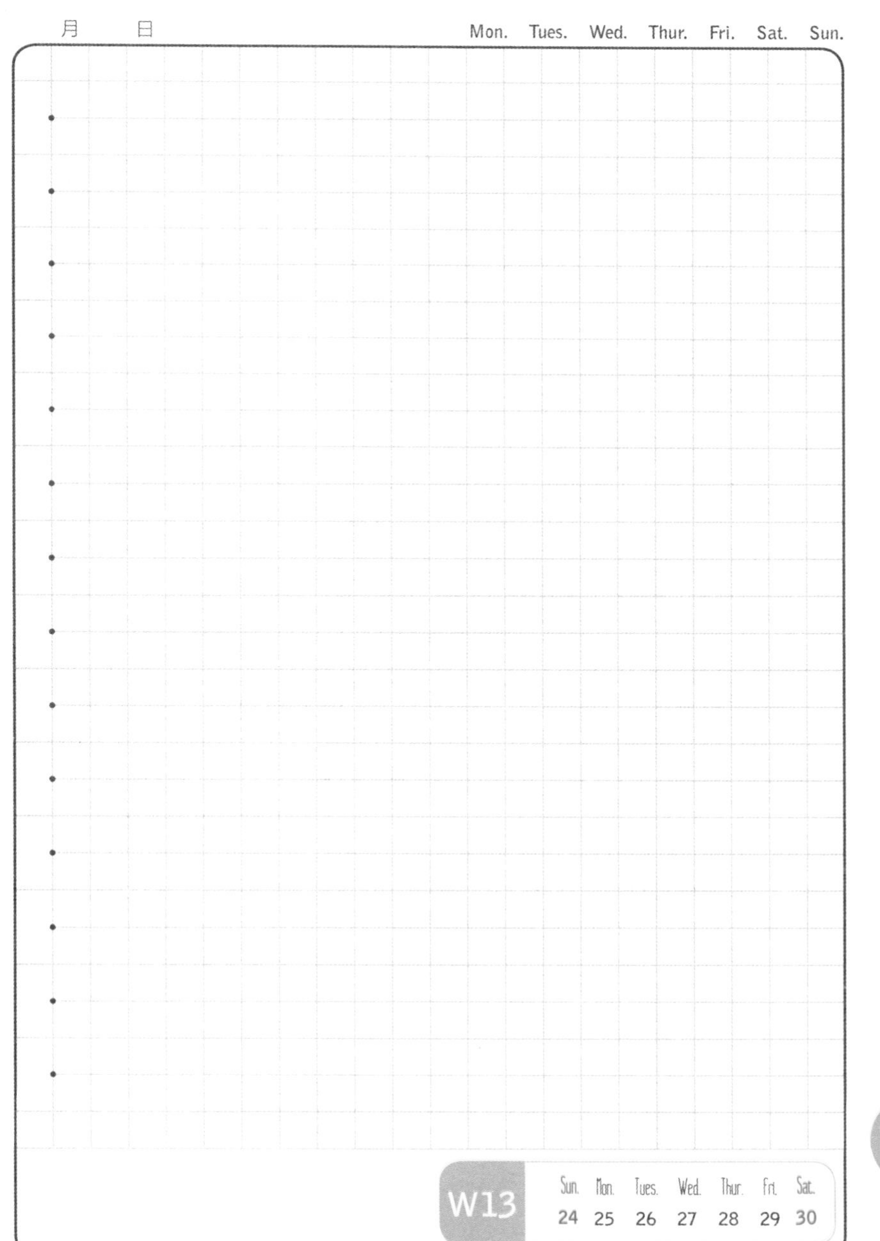

清明

清明一到，气温逐渐升高，大地一片春和景明之象，这是踏青并祭祀先祖的时节。二十四节气中，我喜爱「清明」这个名字，《岁时百问》说，万物生长此时，皆清洁而明净。故谓之清明。

清洁而明净，一如故人之双眸。

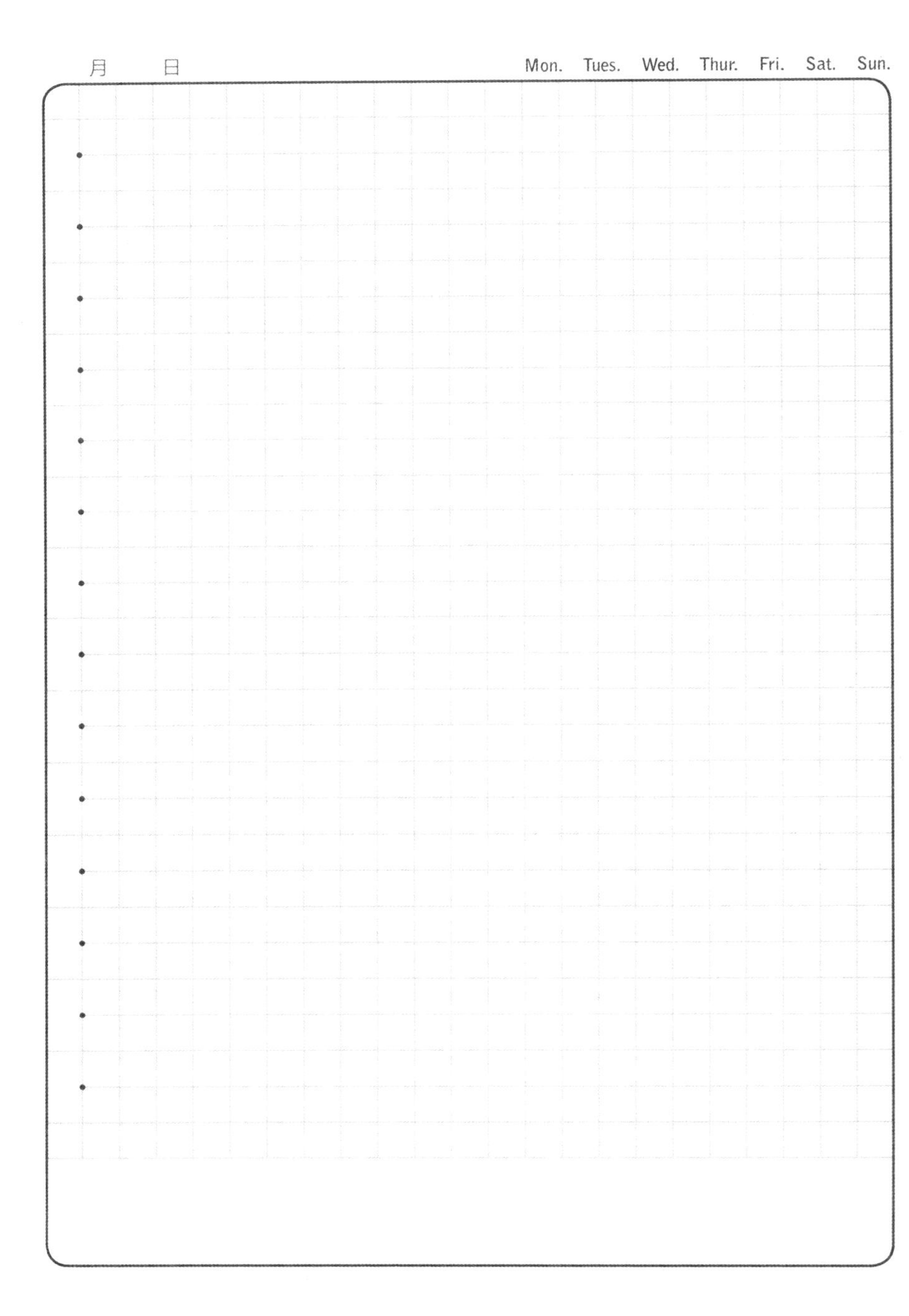
月 日
Mon. Tues. Wed. Thur. Fri. Sat. Sun.

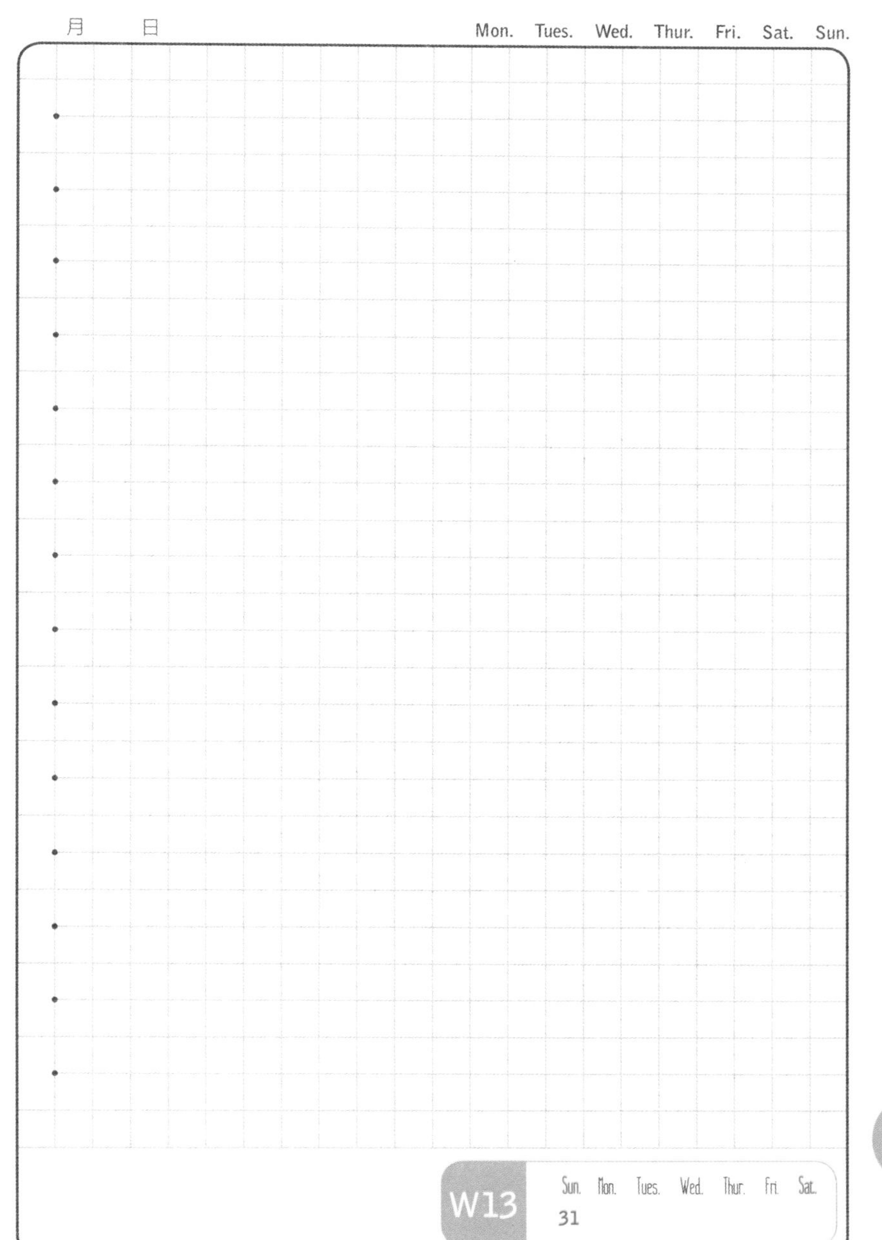
月　日
Mon. Tues. Wed. Thur. Fri. Sat. Sun.
W13
Sun. Mon. Tues. Wed. Thur. Fri. Sat.
31

APRIL

SUN.	MON.	TUE.
	廿六 01	廿七 02
初三 07	初四 08	初五 09
初十 14	十一 15	十二 16
十七 21	十八 22	十九 23
廿四 28	廿五 29	廿六 30

WED.	THU.	FRI.	SAT.
廿八 03	廿九 04	清明 05	初二 06
初六 10	初七 11	初八 12	初九 13
十三 17	十四 18	十五 19	谷雨 20
二十 24	廿一 25	廿二 26	廿三 27

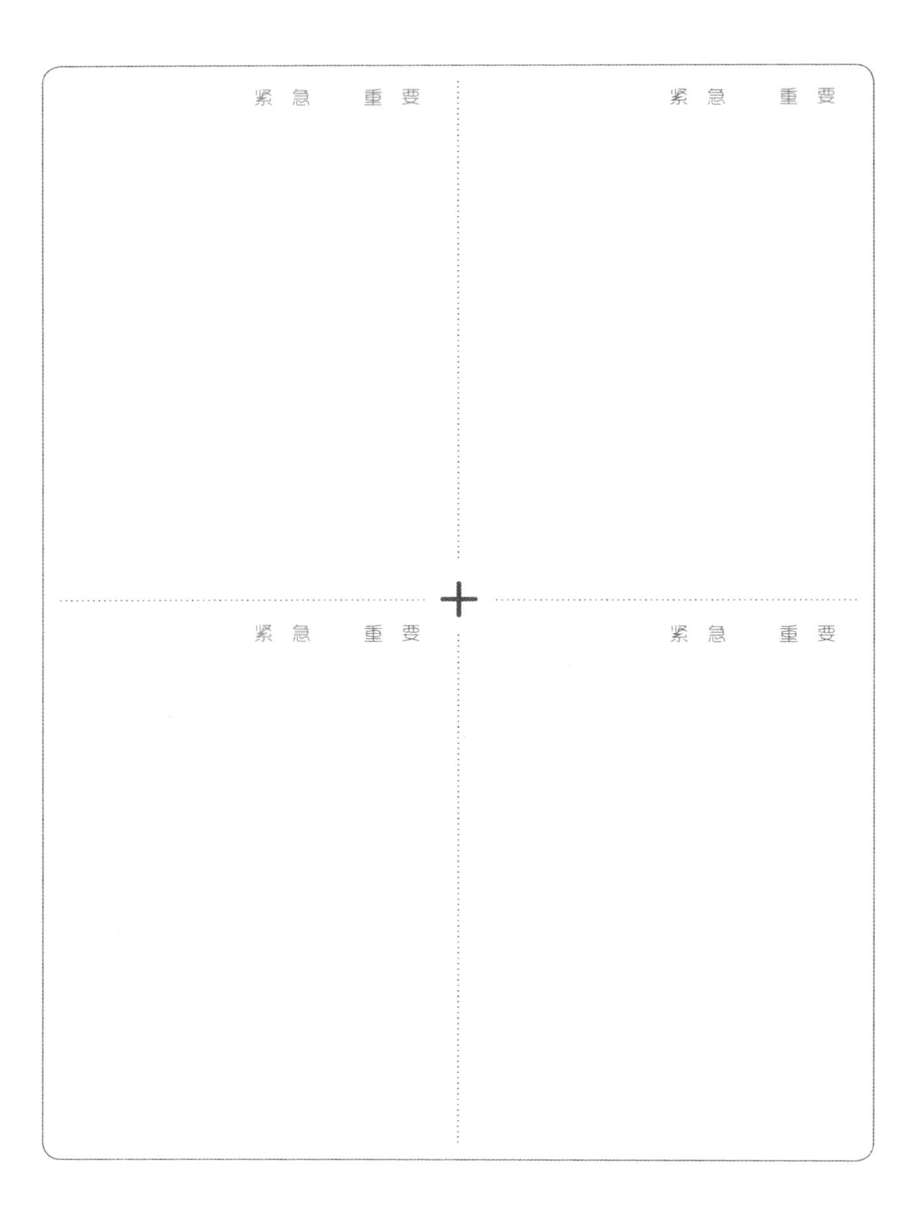
紧 急 重 要
紧 急 重 要
紧 急 重 要
紧 急 重 要

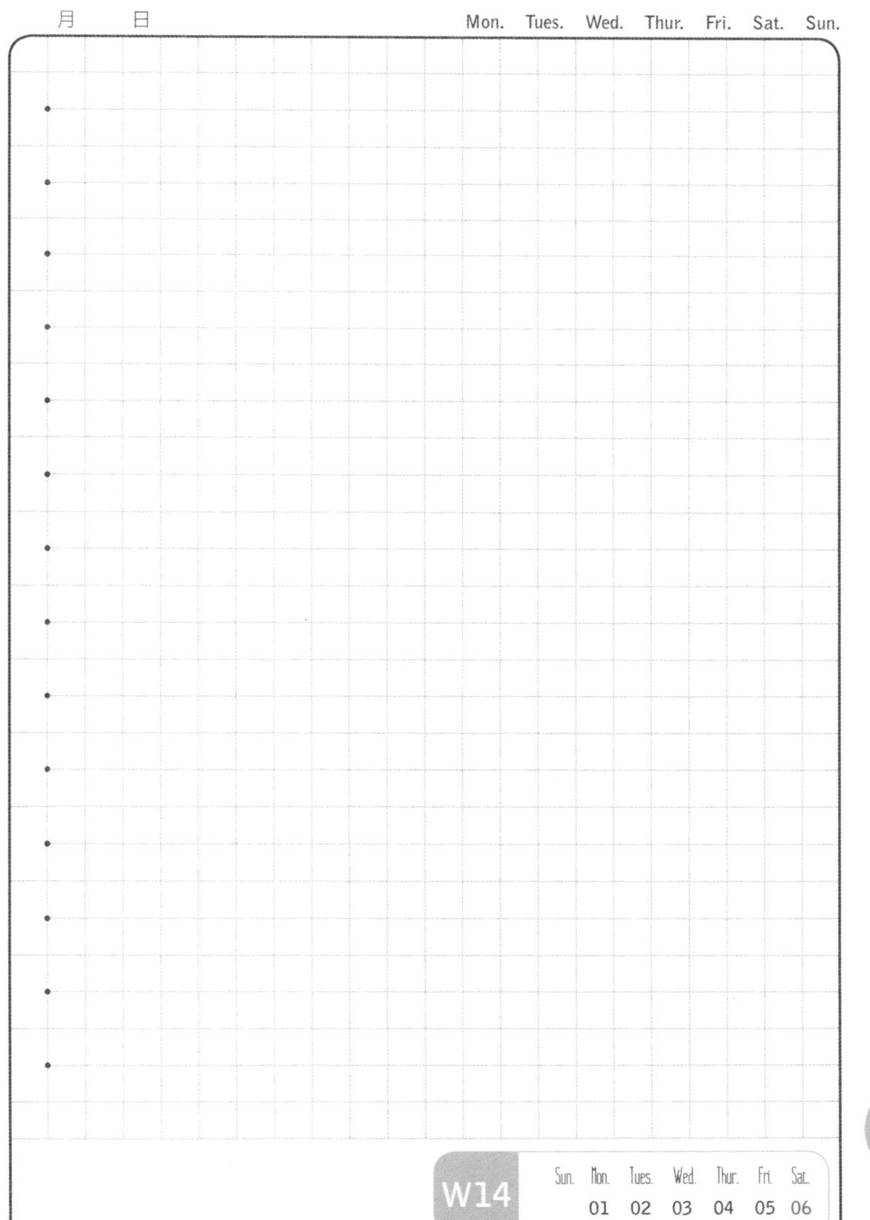
月 日
Mon. Tues. Wed. Thur. Fri. Sat. Sun.
W14
Sun. Mon. Tues. Wed. Thur. Fri. Sat.
01 02 03 04 05 06

04

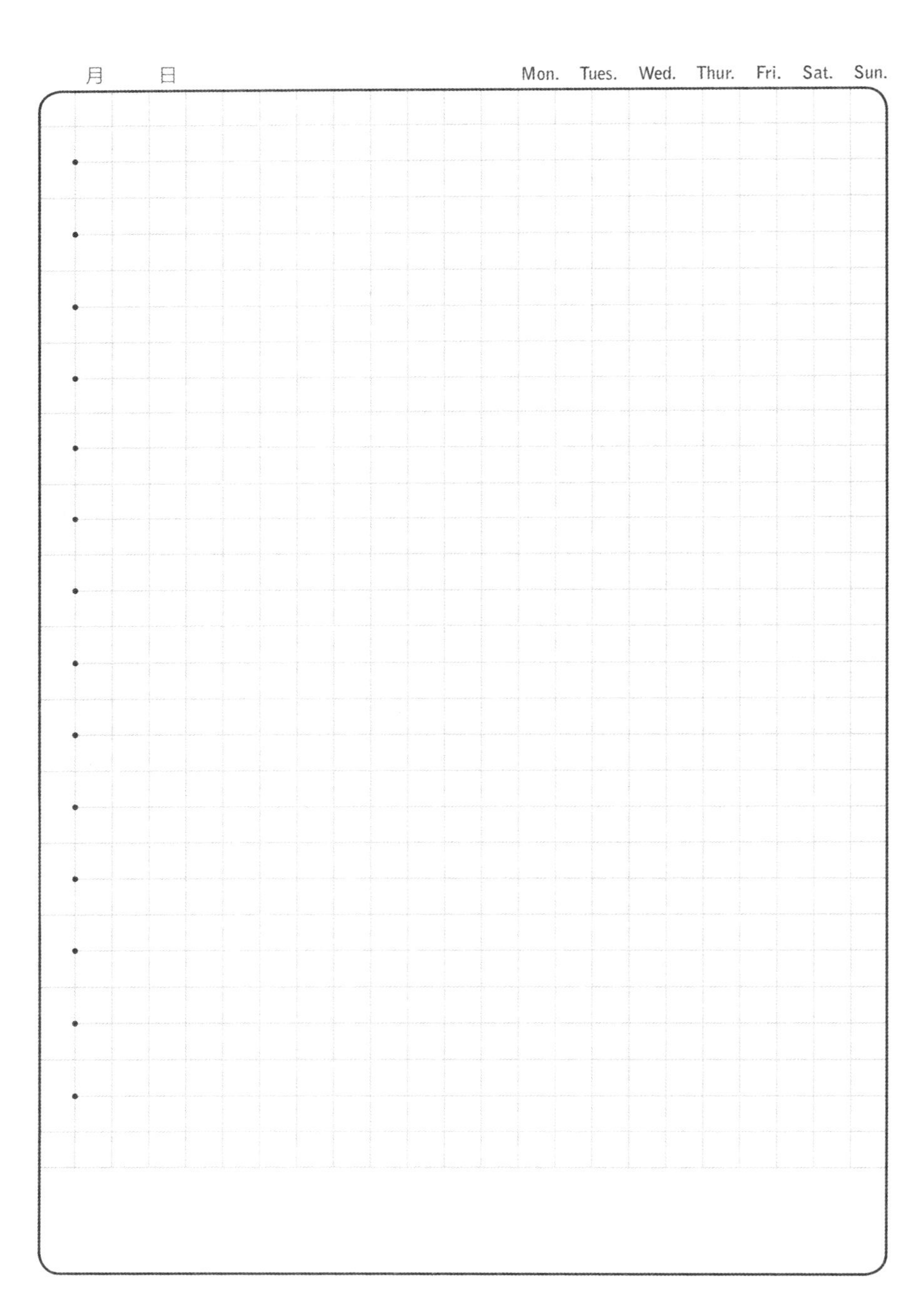
月 日
Mon. Tues. Wed. Thur. Fri. Sat. Sun.

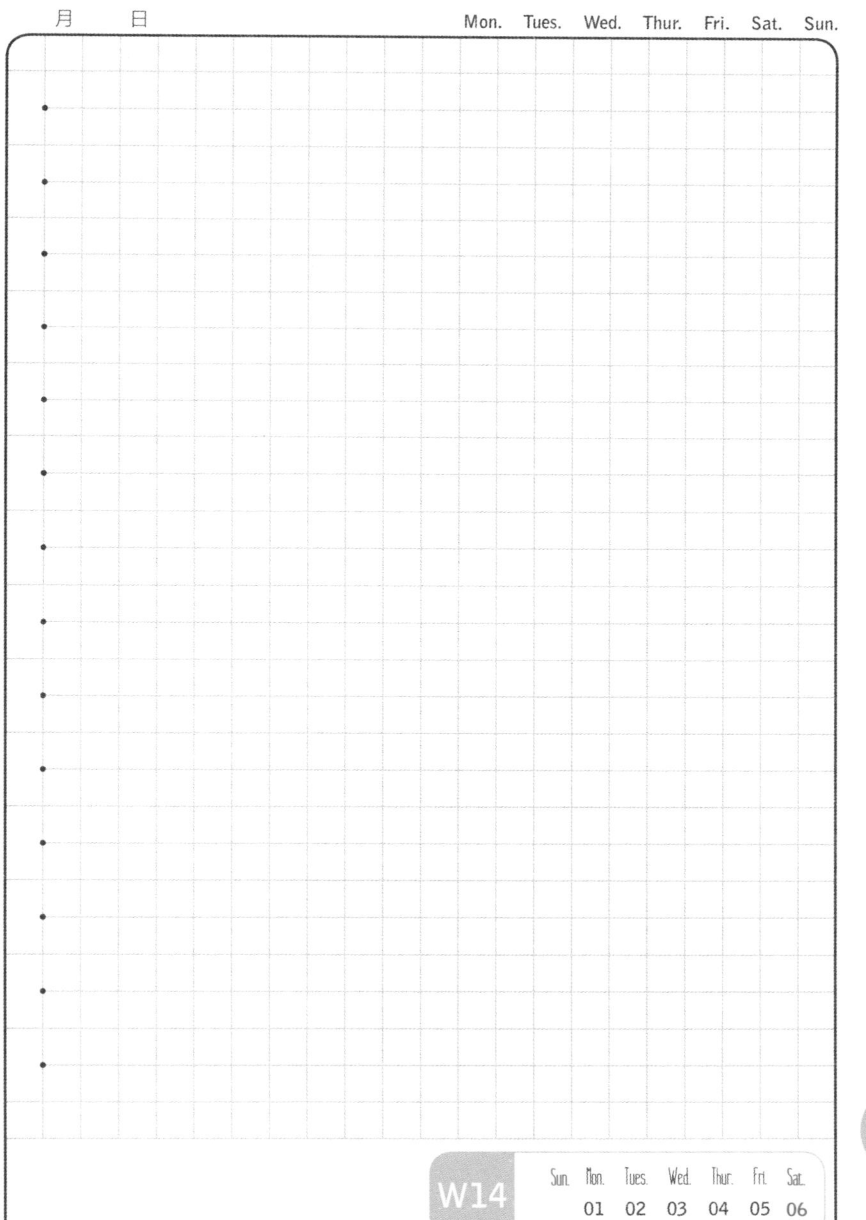
月 日
Mon. Tues. Wed. Thur. Fri. Sat. Sun.
W14
Sun. Mon. Tues. Wed. Thur. Fri. Sat.
01 02 03 04 05 06

不思进取

中式甜品的历史其实很久远，早在商朝就有储冰记载，晚唐时期已有商户在冰内加糖贩卖，元朝已有人开始制作冻奶，这个方法也被旅行家马可·波罗带回了意大利，后来传到法国和英国并逐步衍生出现代冰淇淋的做法。

然而甜品在中国的发展却着实尴尬。甜品店里的精致女子捏着咖啡杯小口含了提拉米苏就可以在朋友圈展示自己的小资，捧个酥皮月饼挎一勺子八宝饭的我只能告诉奶奶，我饱了您别操心。

究其原因，一是国外甜品品相精致，形态也较为稳定，无论堂食打包都合适，二是定期推出的改良新款也让人多了期待。反过来看常见的中式甜品，要么少了精致，要么少见变化，有点不思进取。

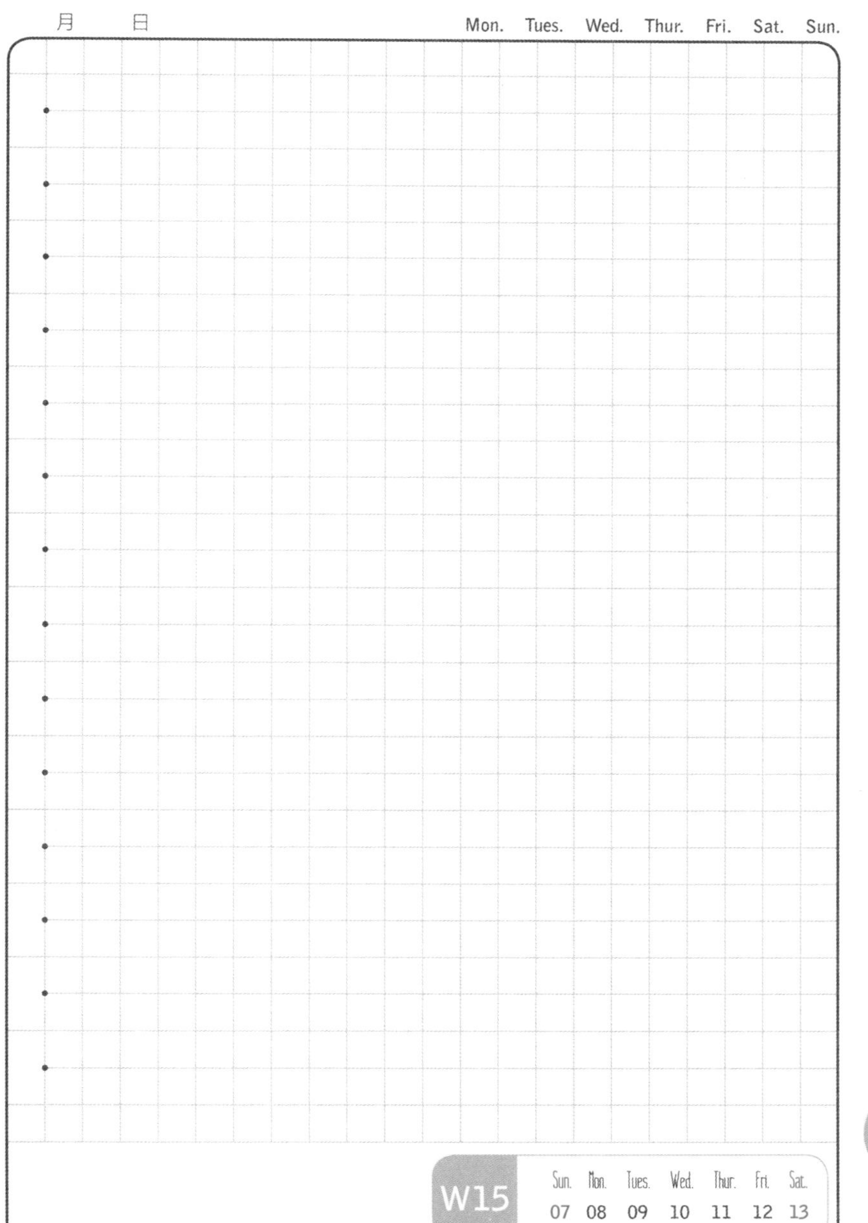
月 日
Mon. Tues. Wed. Thur. Fri. Sat. Sun.
W15
Sun. Mon. Tues. Wed. Thur. Fri. Sat.
07 08 09 10 11 12 13

月 日
Mon. Tues. Wed. Thur. Fri. Sat. Sun.

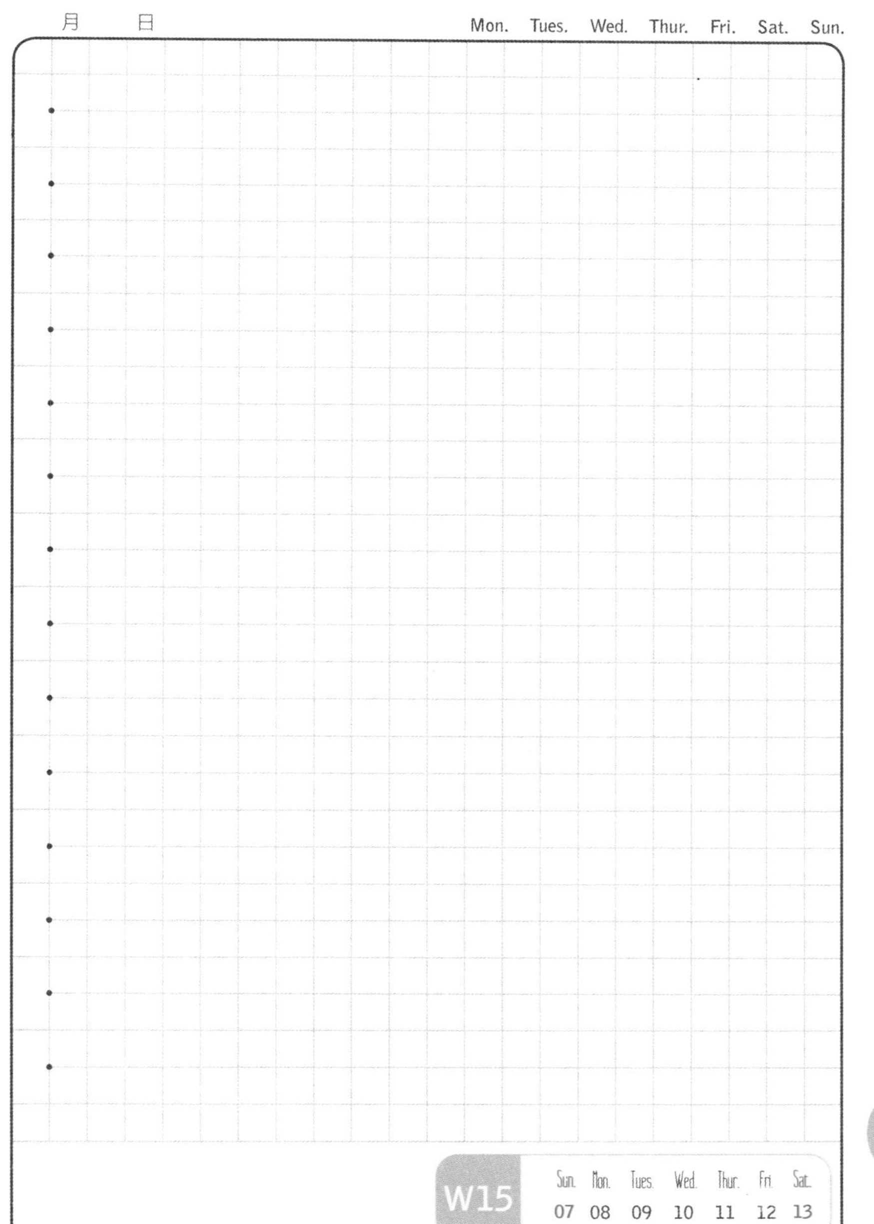
月 日
Mon. Tues. Wed. Thur. Fri. Sat. Sun.
W15
Sun. Mon. Tues. Wed. Thur. Fri. Sat.
07 08 09 10 11 12 13

土地

距今约7000年前，一支印第安部落发现了野生土豆，但他们不知其含毒素龙葵碱，许多人因此付出了生命的代价。直至距今5000年左右的时候，印第安人才将野生土豆驯化并形成了多个栽培品种。对我们来说，这个大约明朝才见到的食材是地地道道的舶来品。

按说舶来品都应该洋气得很，可土豆却让人难将其和「洋」字联系，听这名字，土豆；看这长相，粗皮疤拉；尝这味道，平淡无奇。洋货？千真万确，如假包换。

这洋货无论出现在世界的哪个角落，向来都是穷人最好的礼物。

为什么？

根源于土地。

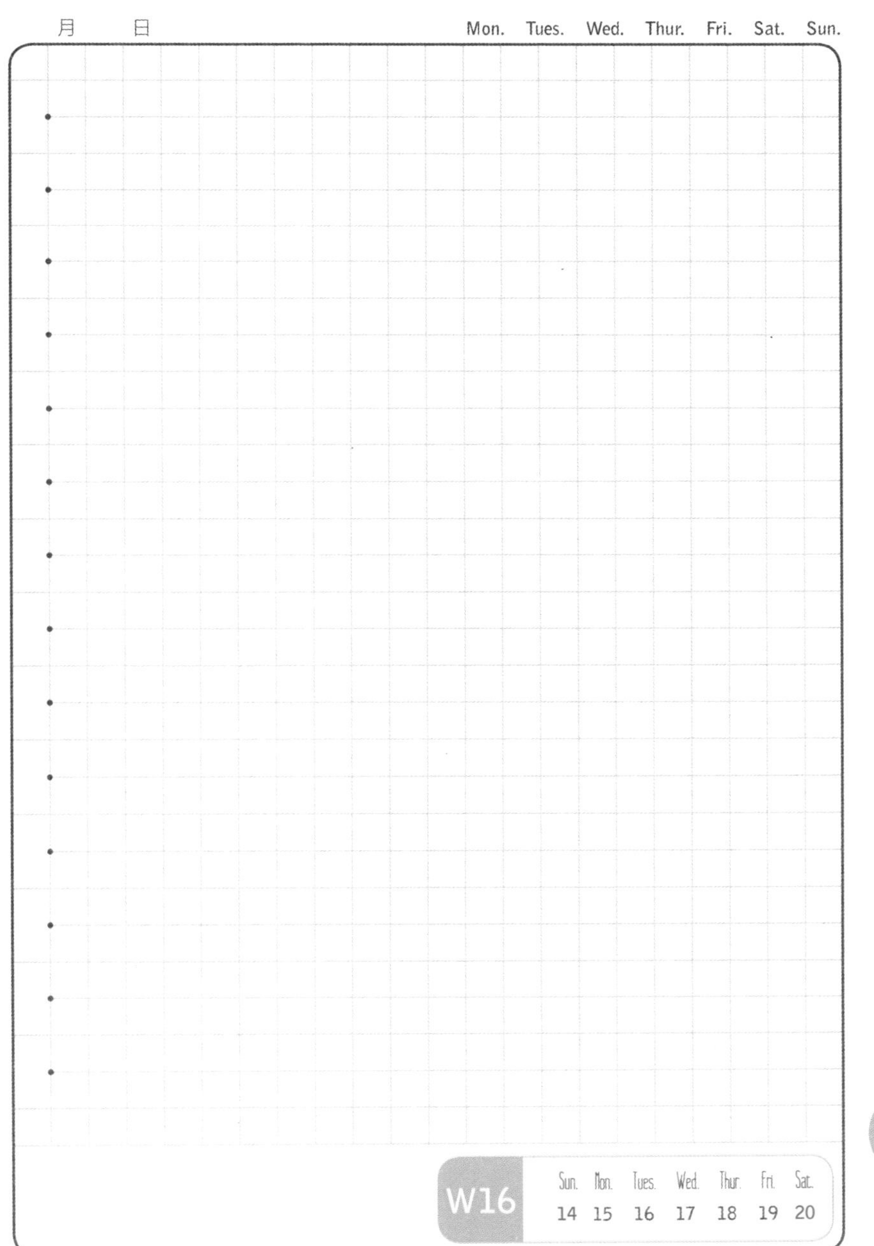
月 日
Mon. Tues. Wed. Thur. Fri. Sat. Sun.
W16
Sun. Mon. Tues. Wed. Thur. Fri. Sat.
14 15 16 17 18 19 20
04

月　　日　　Mon.　Tues.　Wed.　Thur.　Fri.　Sat.　Sun.

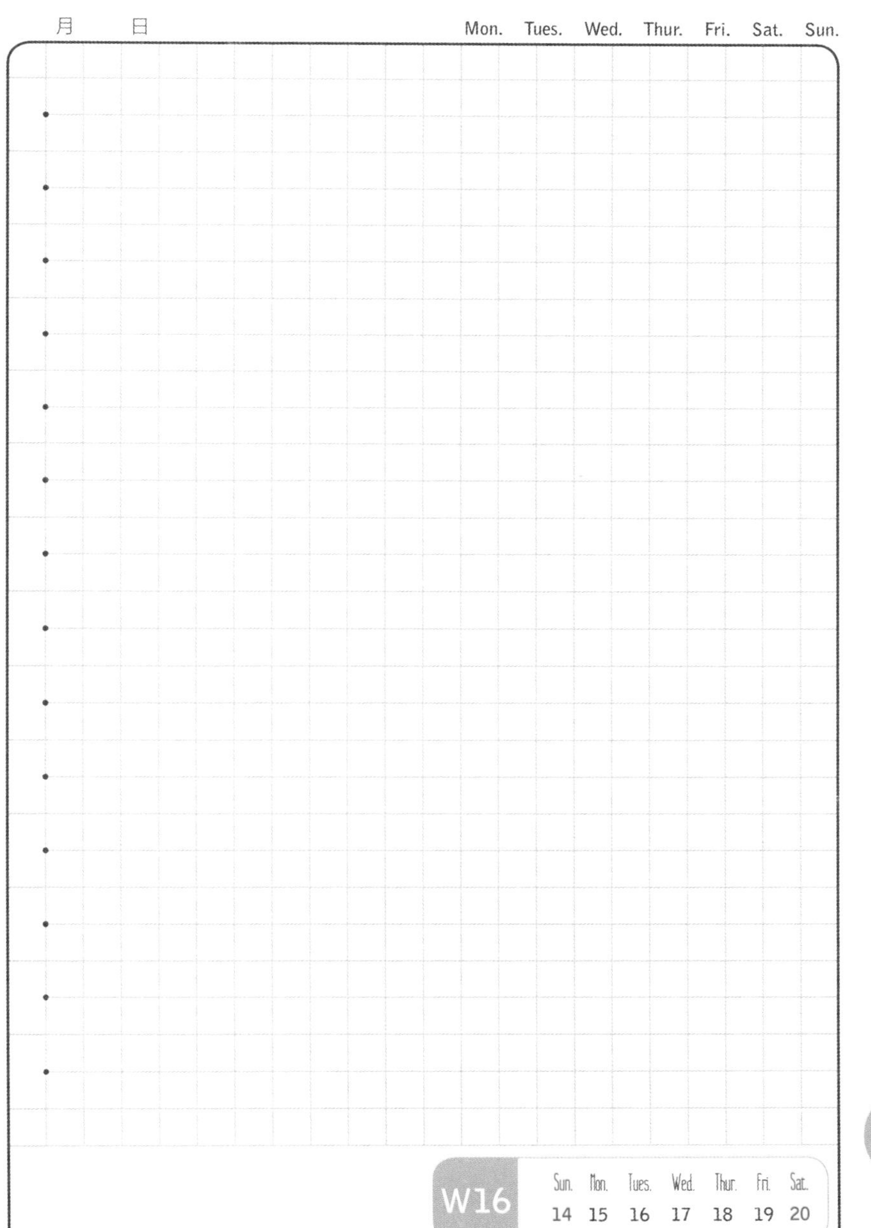
月 日
Mon. Tues. Wed. Thur. Fri. Sat. Sun.
W16
Sun. Mon. Tues. Wed. Thur. Fri. Sat.
14 15 16 17 18 19 20

时令

时令：节令，节气的意思，古时按此来制定有关农事的政令。《礼记·月令》记载：天子乃与公卿大夫共饬国典，论时令，以待来岁之宜。

自然条件下成长、采收的当季食材叫做时令食材，其主要特点是采收时间与四季密切相关。孔子说「不时不食」，意指吃东西应该按季节和时令选择，这样食材的味道、营养都会更好。比如说春天就得吃香椿芦蒿和鳜鱼，夏天则该品尝绿茶山药配鹅掌，秋天换成鹌鹑闸蟹加山茄，冬天则是紫姜火腿煨海参了。

选择时令食物也符合人体健康的需要。「冬吃萝卜夏吃姜」就是因萝卜性凉，姜性温，在适当的季节选择性来食用，能帮助人体保持温凉平衡，从而有利健康。

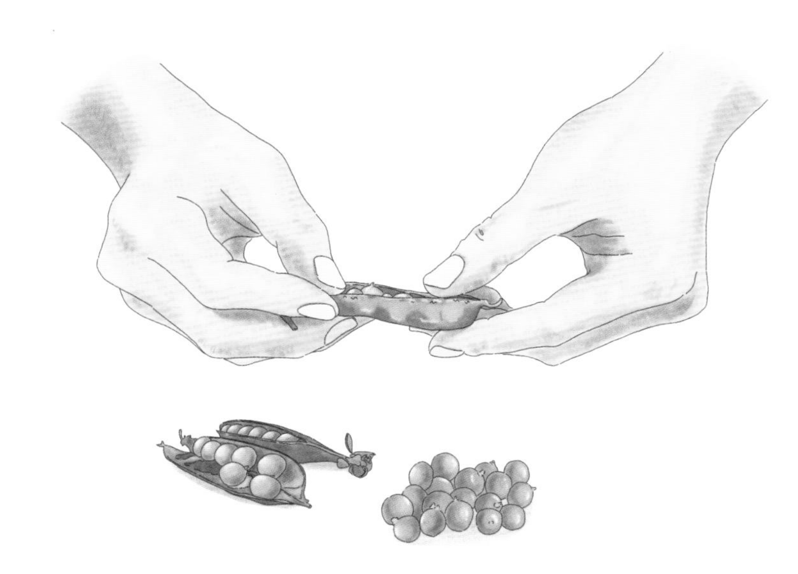

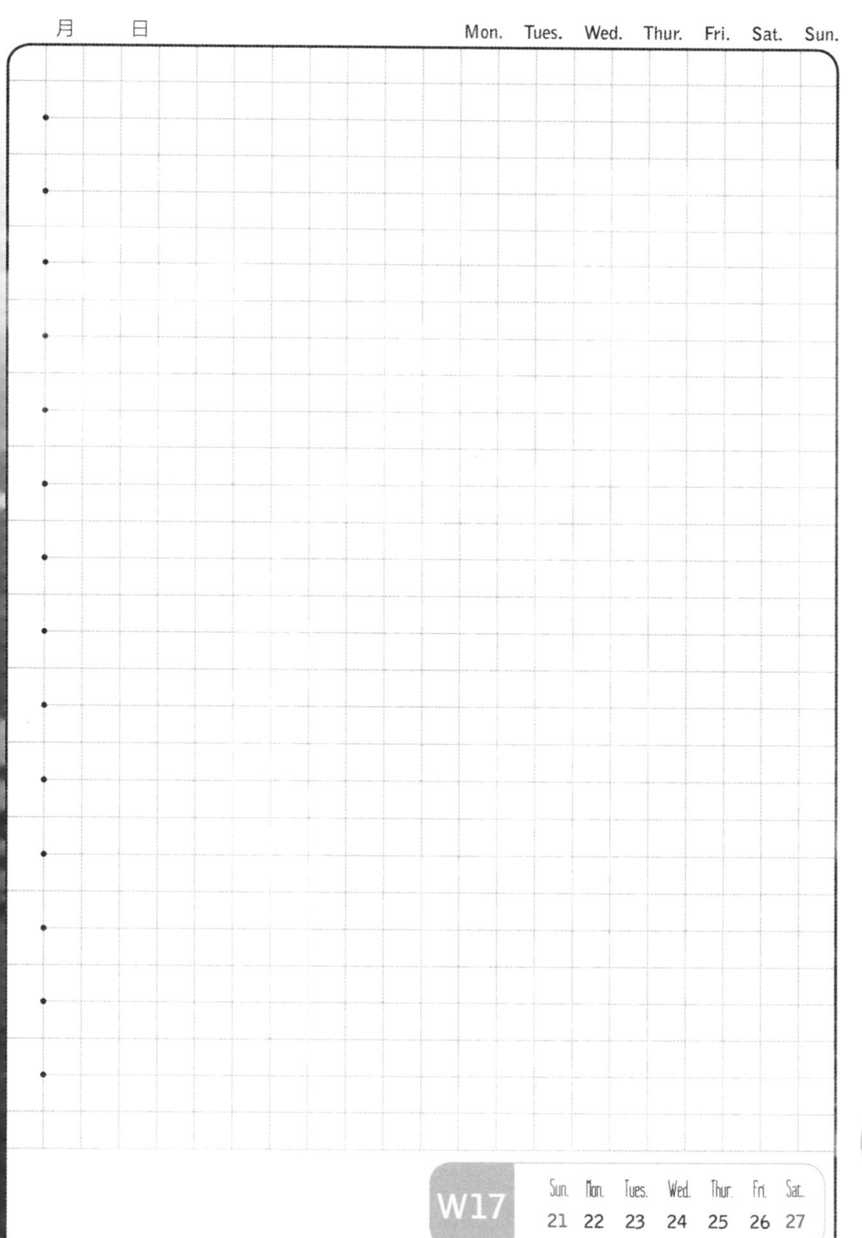
月　日
Mon. Tues. Wed. Thur. Fri. Sat. Sun.
W17
Sun. Mon. Tues. Wed. Thur. Fri. Sat.
21 22 23 24 25 26 27

月 日
Mon. Tues. Wed. Thur. Fri. Sat. Sun.

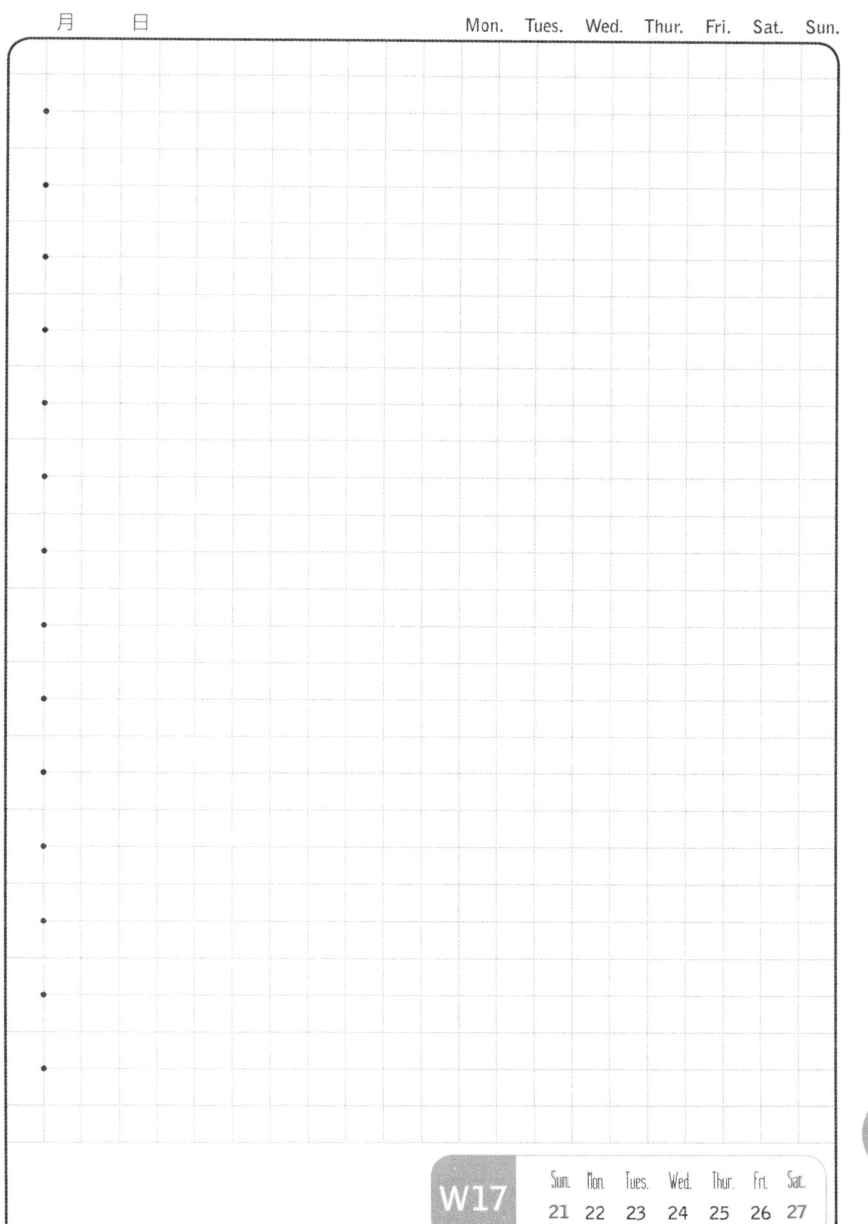
月 日
Mon. Tues. Wed. Thur. Fri. Sat. Sun.
W17
Sun. Mon. Tues. Wed. Thur. Fri. Sat.
21 22 23 24 25 26 27

仪式感

凉拌菜的起源据说可以追溯到周朝，将食材简单初加工后入味是这种料理的方式，因为只是将食材切开或焯水，所以在最大程度上保证了营养不流失，应该是很健康的料理方式了。

凉拌菜的食材选择是重要的，不新鲜的东西绝对不能拿来拌，应季的食材是最好的选择。立夏的日子里，本地小八带是极好的食材，清洗后放进凉水煮沸捞出凉透，加适量生抽、陈醋、白糖和少许小葱，拌匀就成了全家人都爱的开胃凉菜。

凉拌菜之于中餐宴席是必不可少的，遗憾的是它并不是日常餐的必须，我们的生活也就少了些许精致和仪式感。

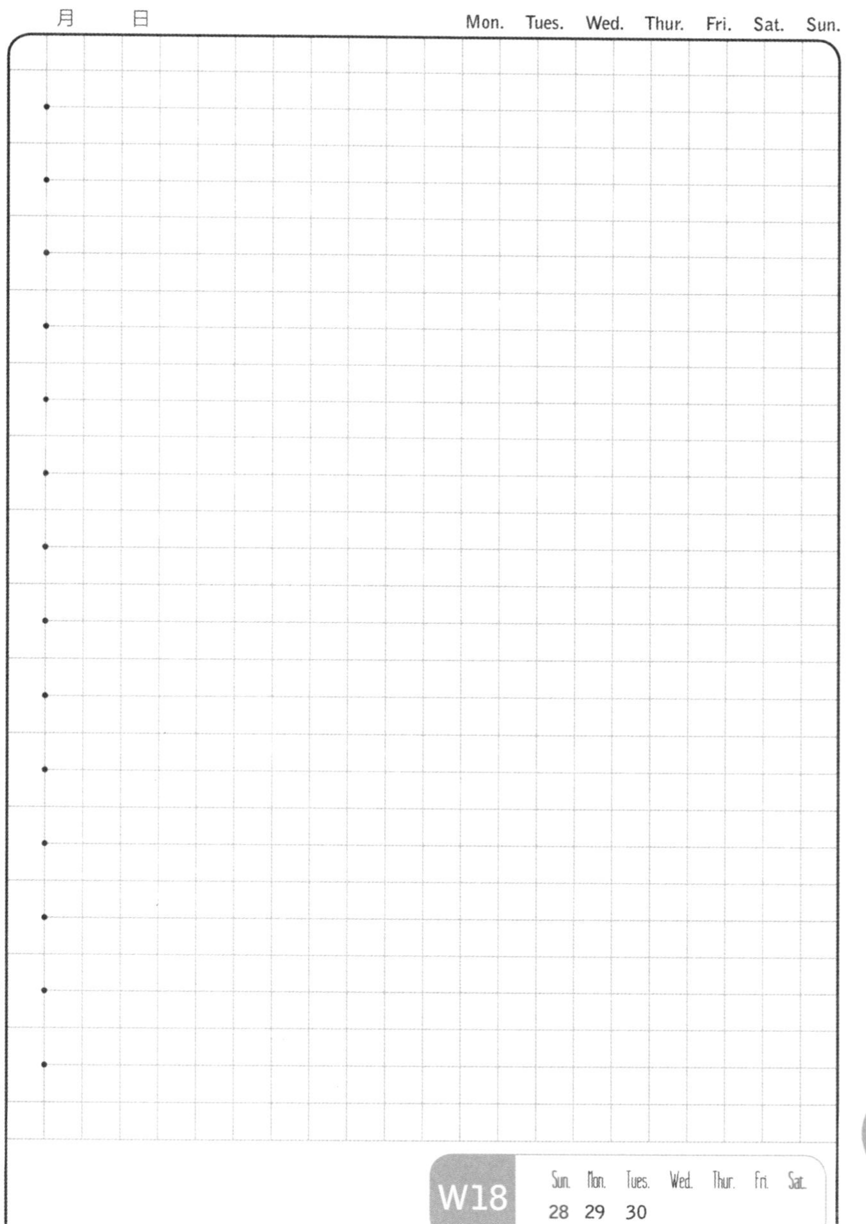
月 日
Mon. Tues. Wed. Thur. Fri. Sat. Sun.
W18
Sun. Mon. Tues. Wed. Thur. Fri. Sat.
28 29 30

04

05

MAY

SUN.	MON.	TUE.
四月 05	初二 06	初三 07
母亲节 12	初九 13	初十 14
十五 19	十六 20	小满 21
廿二 26	廿三 27	廿四 28

WED.	THU.	FRI.	SAT.
劳动节 01	廿八 02	廿九 03	青年节 04
初四 08	初五 09	初六 10	初七 11
十一 15	十二 16	十三 17	十四 18
十八 22	十九 23	二十 24	廿一 25
廿五 29	廿六 30	廿七 31	

紧 急　　重 要

紧 急　　重 要

紧 急　　重 要

紧 急　　重 要

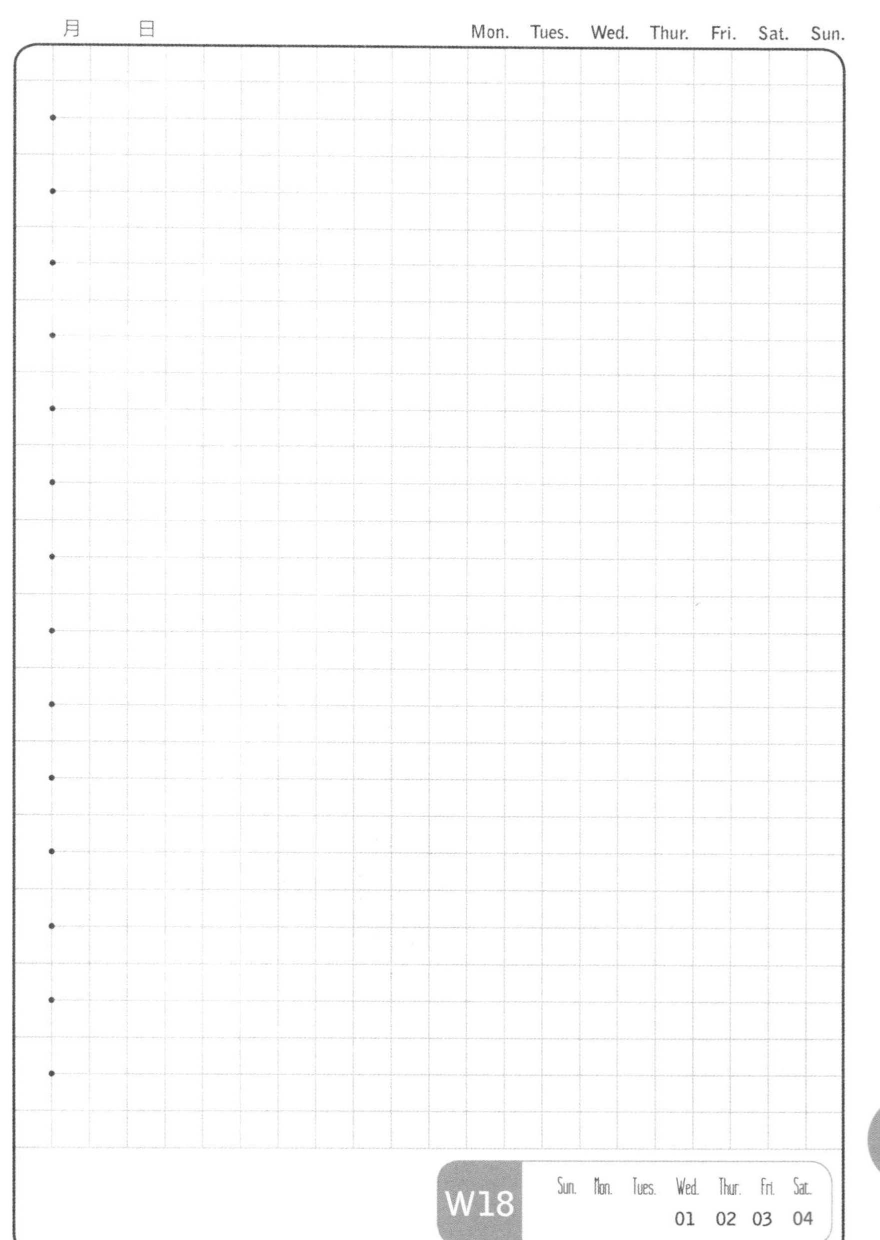

月 日
Mon. Tues. Wed. Thur. Fri. Sat. Sun.
W18
Sun. Mon. Tues. Wed. Thur. Fri. Sat.
01 02 03 04

妈妈，谢谢您。

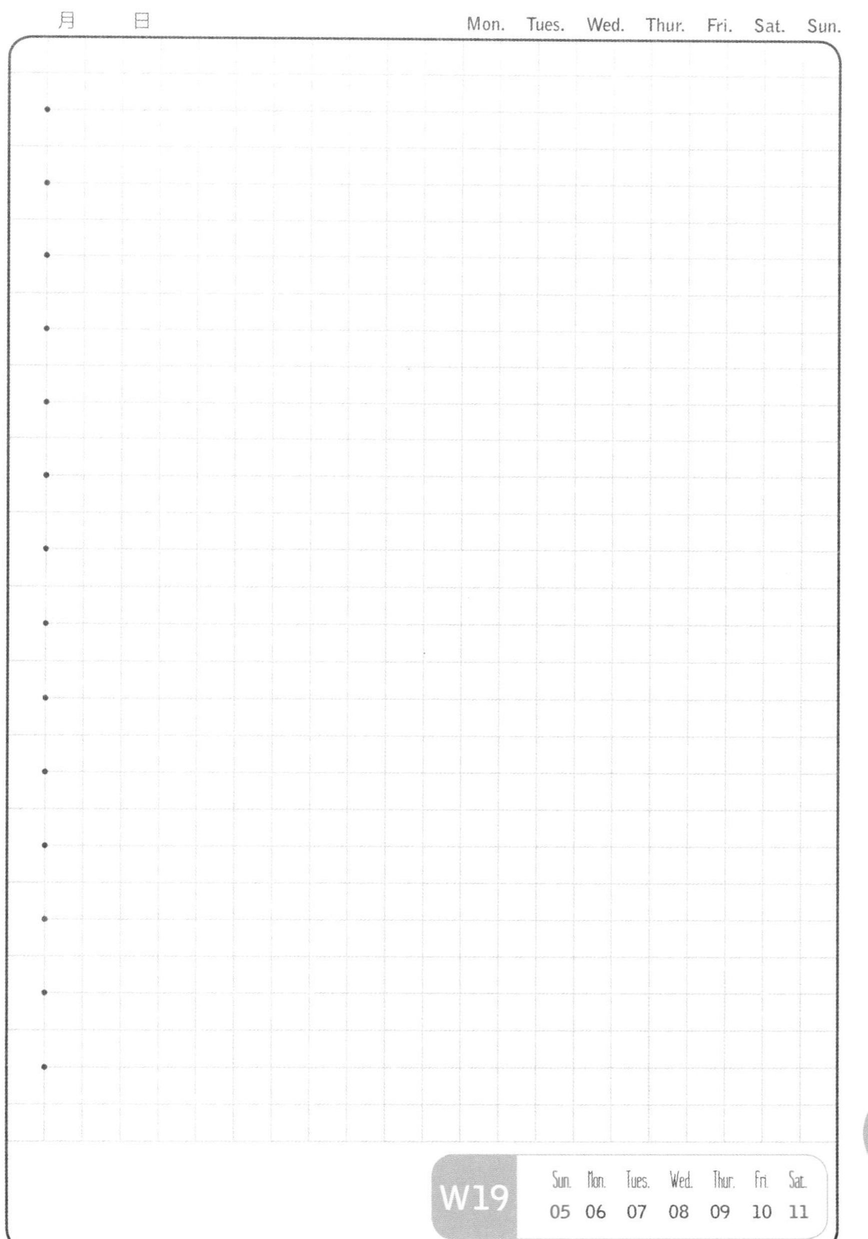
月 日
Mon. Tues. Wed. Thur. Fri. Sat. Sun.
W19
Sun. Mon. Tues. Wed. Thur. Fri. Sat.
05 06 07 08 09 10 11

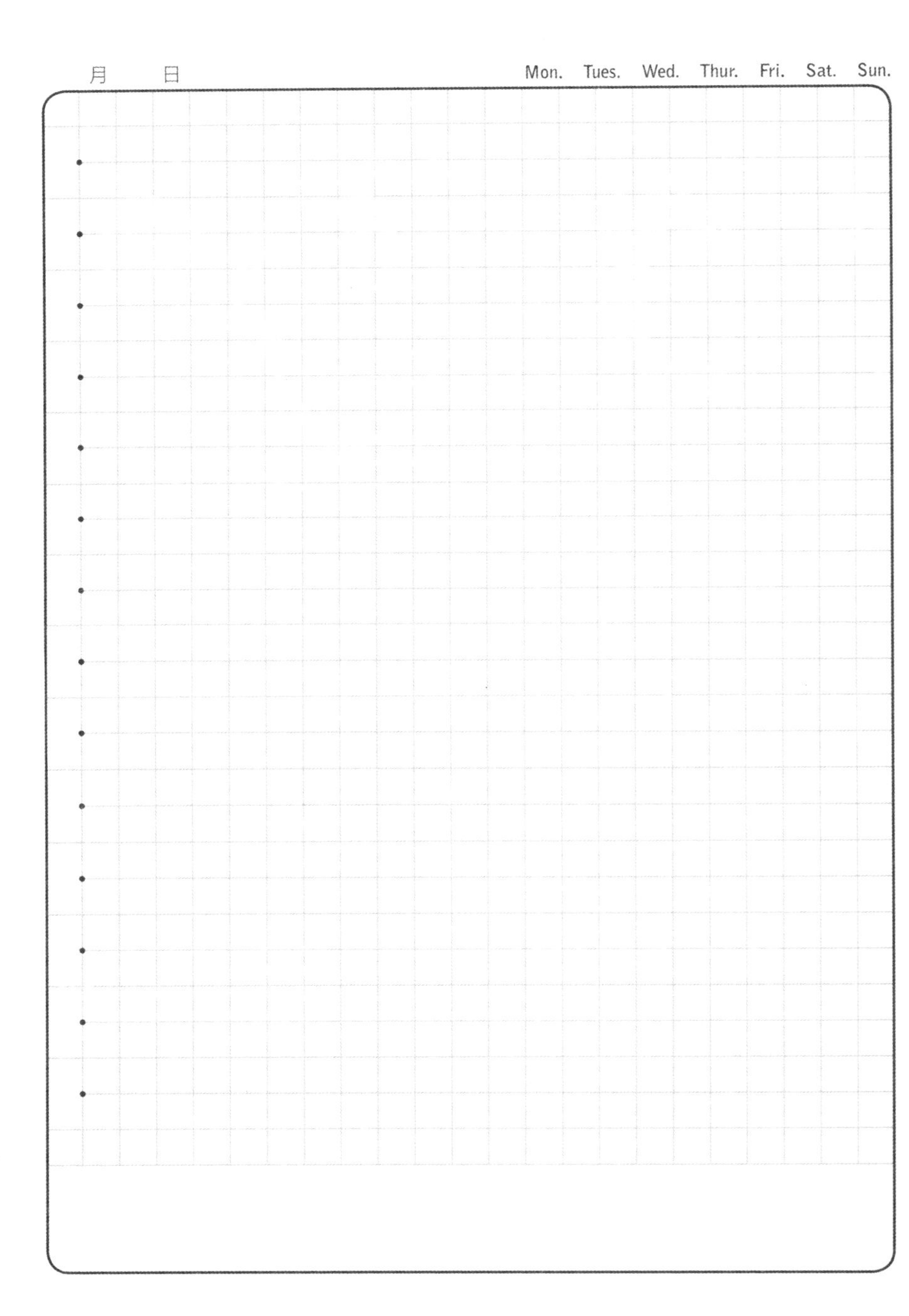
月 日
Mon. Tues. Wed. Thur. Fri. Sat. Sun.

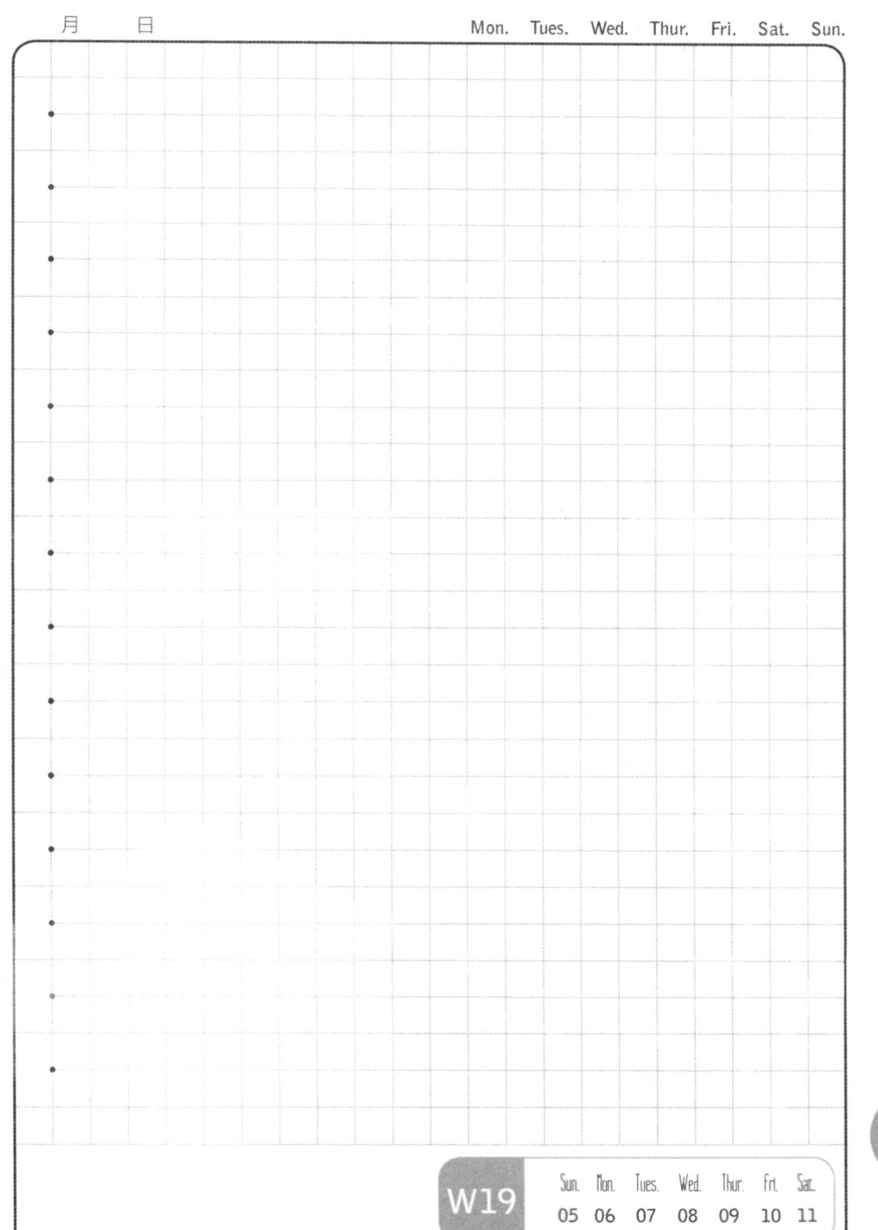
月 日
Mon. Tues. Wed. Thur. Fri. Sat. Sun.
W19
Sun. Mon. Tues. Wed. Thur. Fri. Sat.
05 06 07 08 09 10 11

第20周
大隐于市，
如今看起来也只一个美好的愿望罢了。
所幸偶得半晌，
遂半隐于亭。

月 日
Mon. Tues. Wed. Thur. Fri. Sat. Sun.
W20
Sun. Mon. Tues. Wed. Thur. Fri. Sat.
12 13 14 15 16 17 18
05

月 日
Mon. Tues. Wed. Thur. Fri. Sat. Sun.

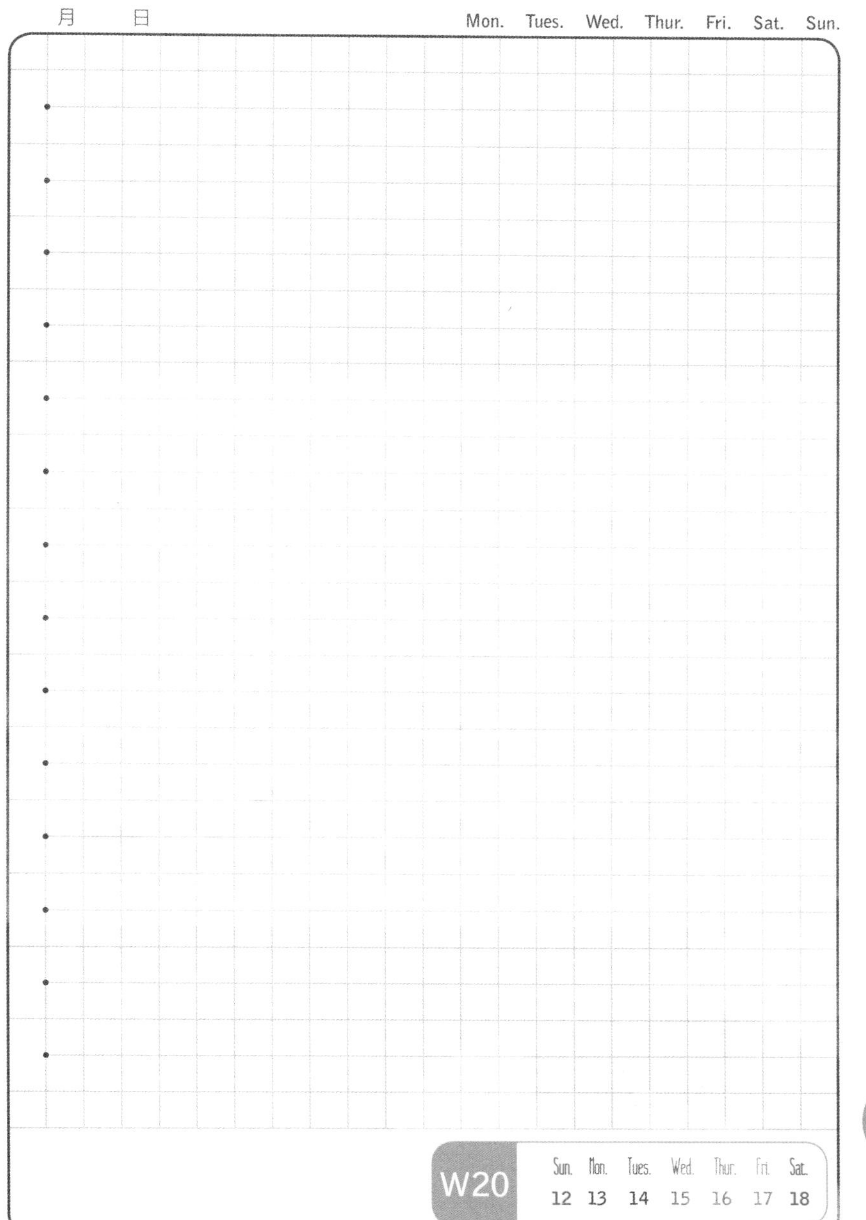
月 日
Mon. Tues. Wed. Thur. Fri. Sat. Sun.
W20
Sun. Mon. Tues. Wed. Thur. Fri. Sat.
12 13 14 15 16 17 18

小满

大概就是，
小小的满足吧，
漂亮的木碗，
盛满新鲜的食材。
红色草莓，
代表我的心。

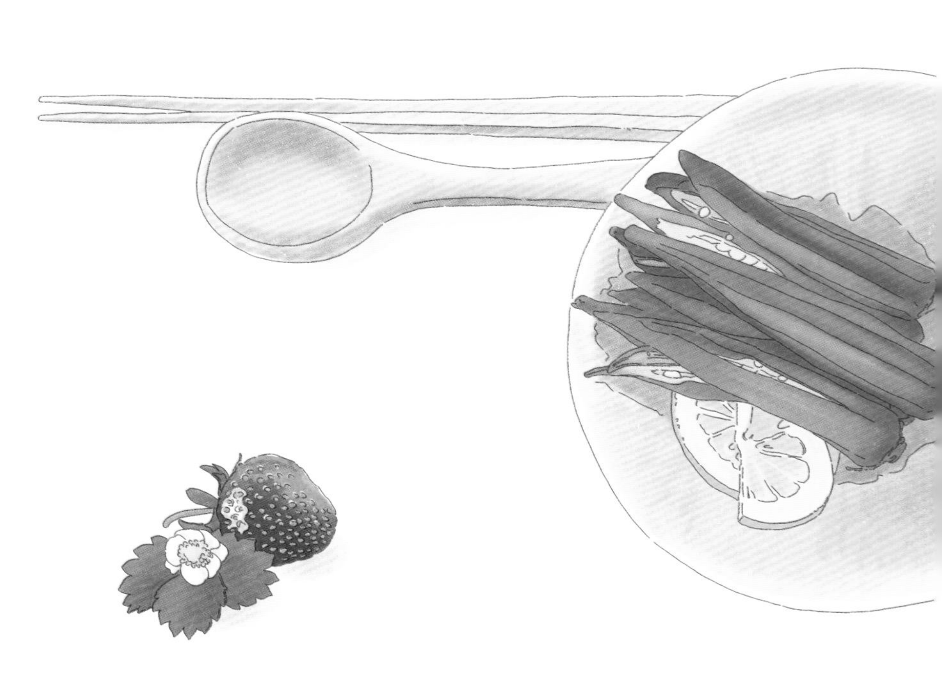

月 日
Mon. Tues. Wed. Thur. Fri. Sat. Sun.
W21
Sun. Mon. Tues. Wed. Thur. Fri. Sat.
19 20 21 22 23 24 25

月 日
Mon. Tues. Wed. Thur. Fri. Sat. Sun.

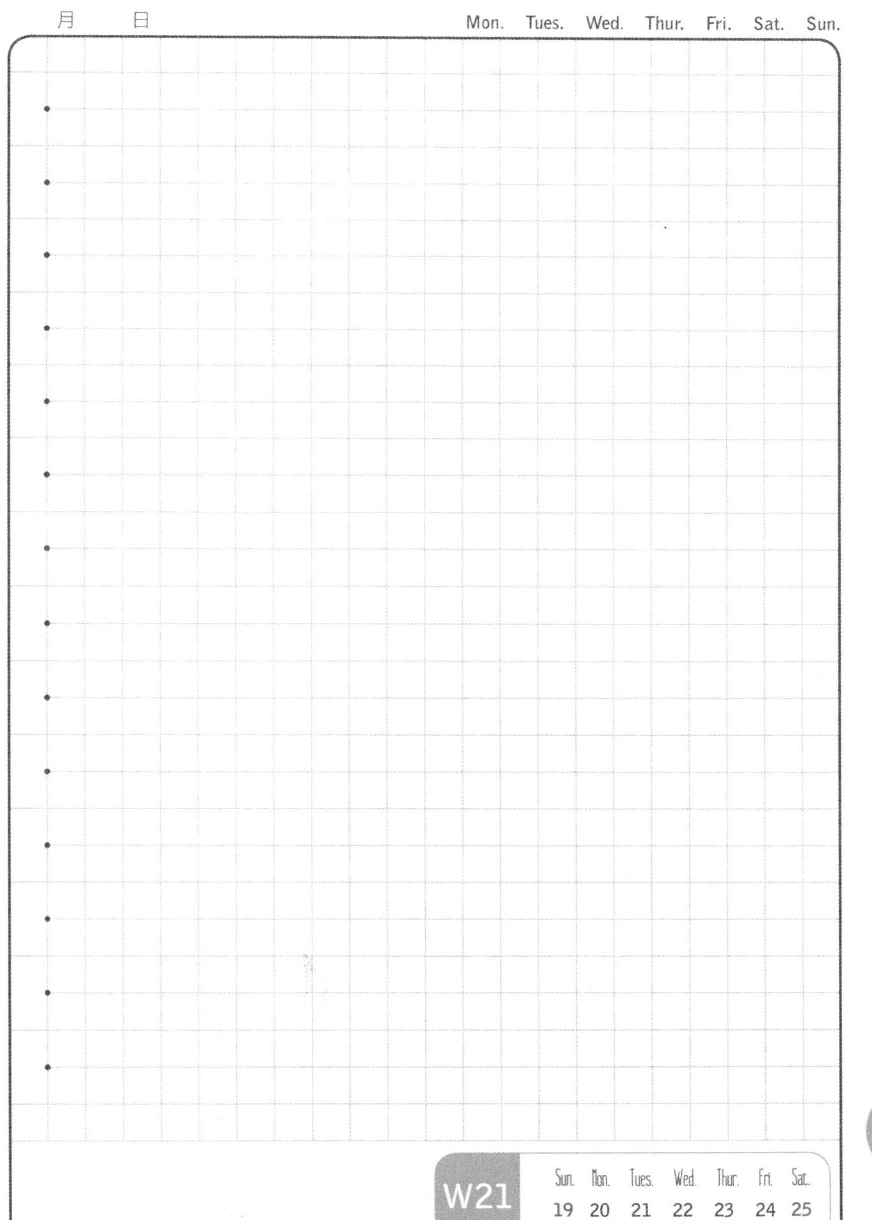
月 日
Mon. Tues. Wed. Thur. Fri. Sat. Sun.
W21
Sun. Mon. Tues. Wed. Thur. Fri. Sat.
19 20 21 22 23 24 25

改善儿童生活

1949年11月，国际民主妇女联合会在莫斯科举行理事会议，决定每年的6月1日为国际儿童节。这是一个为保障世界各国儿童的生存权、保健权、抚养权和受教育权，为了改善儿童的生活，反对虐杀儿童和毒害儿童而设立的节日。

这些当然是我长大后才知道的。印象里，儿童节就是提前一到两个月刻苦练习节目，六一当天演给主席台上的领导看的日子。不过领导训完话后的放鸽子环节我们很期待，可是自从那次飞过主席台上空有鸽子没忍住，一滩稀落在领导脑门的事件之后，这个环节就被替换为放气球了。

儿童节是为改善儿童生活才有的节日，所以，管他放鸽子还是气球，放完给我们披萨吃就是最好的。

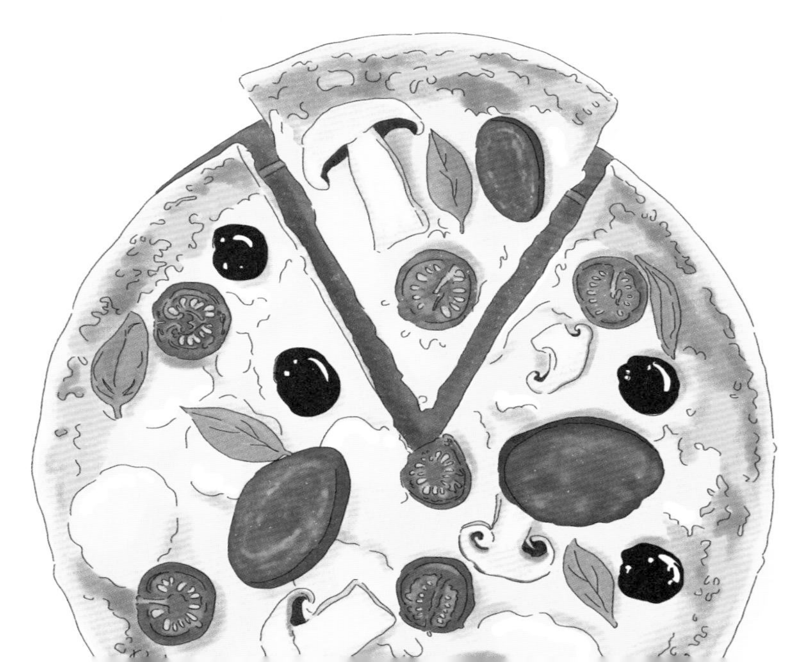

月 日 Mon. Tues. Wed. Thur. Fri. Sat. Sun.

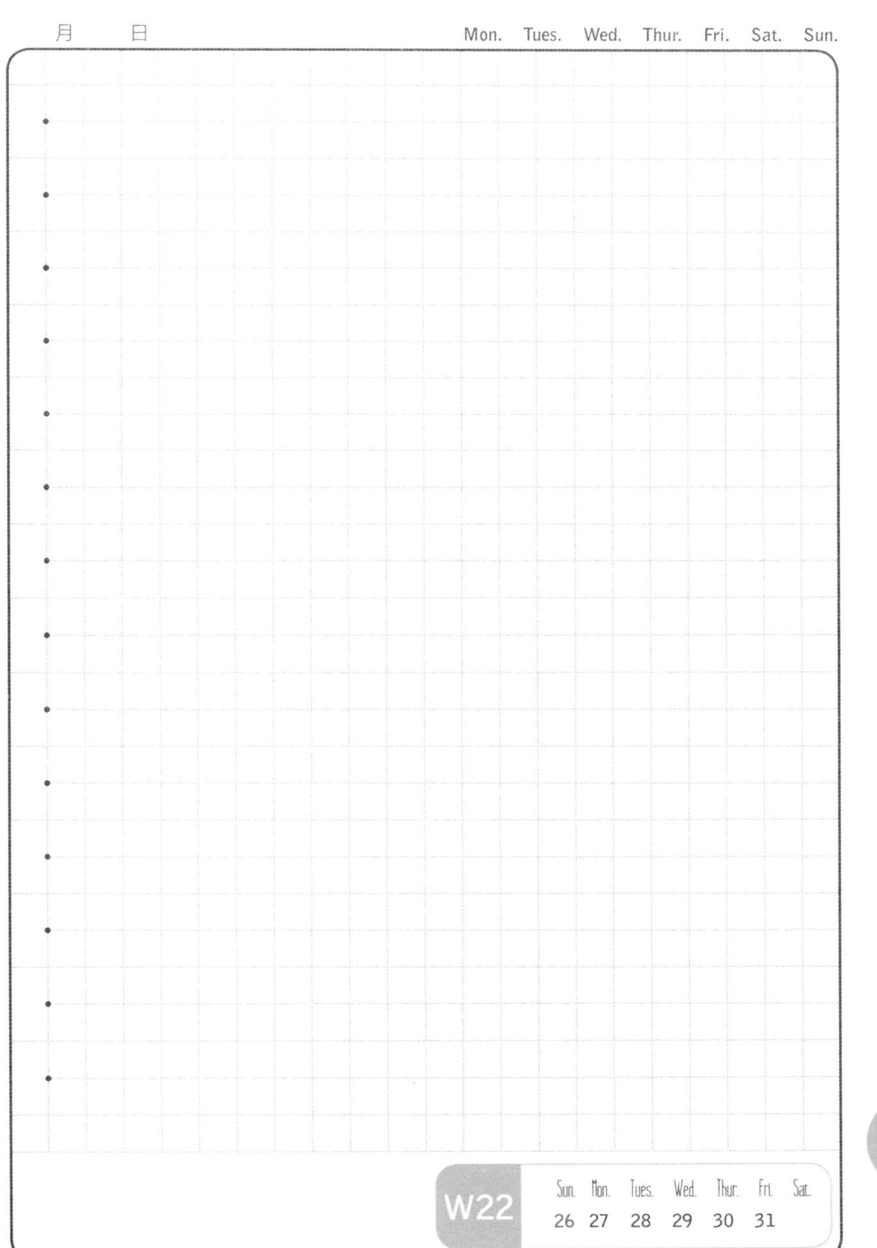

月　日　Mon.　Tues.　Wed.　Thur.　Fri.　Sat.　Sun.

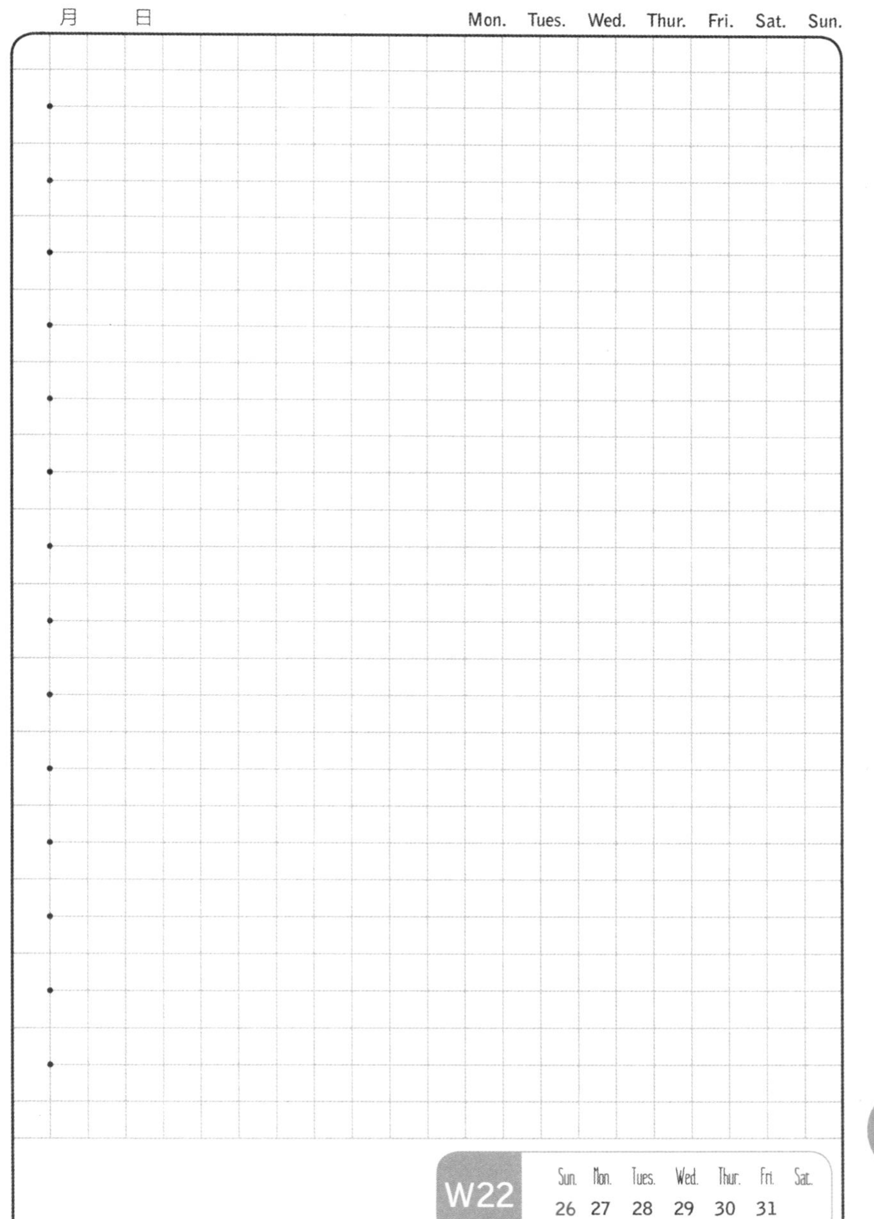
月 日
Mon. Tues. Wed. Thur. Fri. Sat. Sun.
W22
Sun. Mon. Tues. Wed. Thur. Fri. Sat.
26 27 28 29 30 31

06

JUNE

SUN.	MON.	TUE.
廿九 02	五月 03	初二 04
初七 09	初八 10	初九 11
父亲节 16	十五 17	十六 18
廿一/廿八 23/30	廿二 24	廿三 25

WED.	THU.	FRI.	SAT.
			儿童节 01
初三 05	芒种 06	端午节 07	初六 08
初十 12	十一 13	十二 14	十三 15
十七 19	十八 20	夏至 21	二十 22
廿四 26	廿五 27	廿六 28	廿七 29

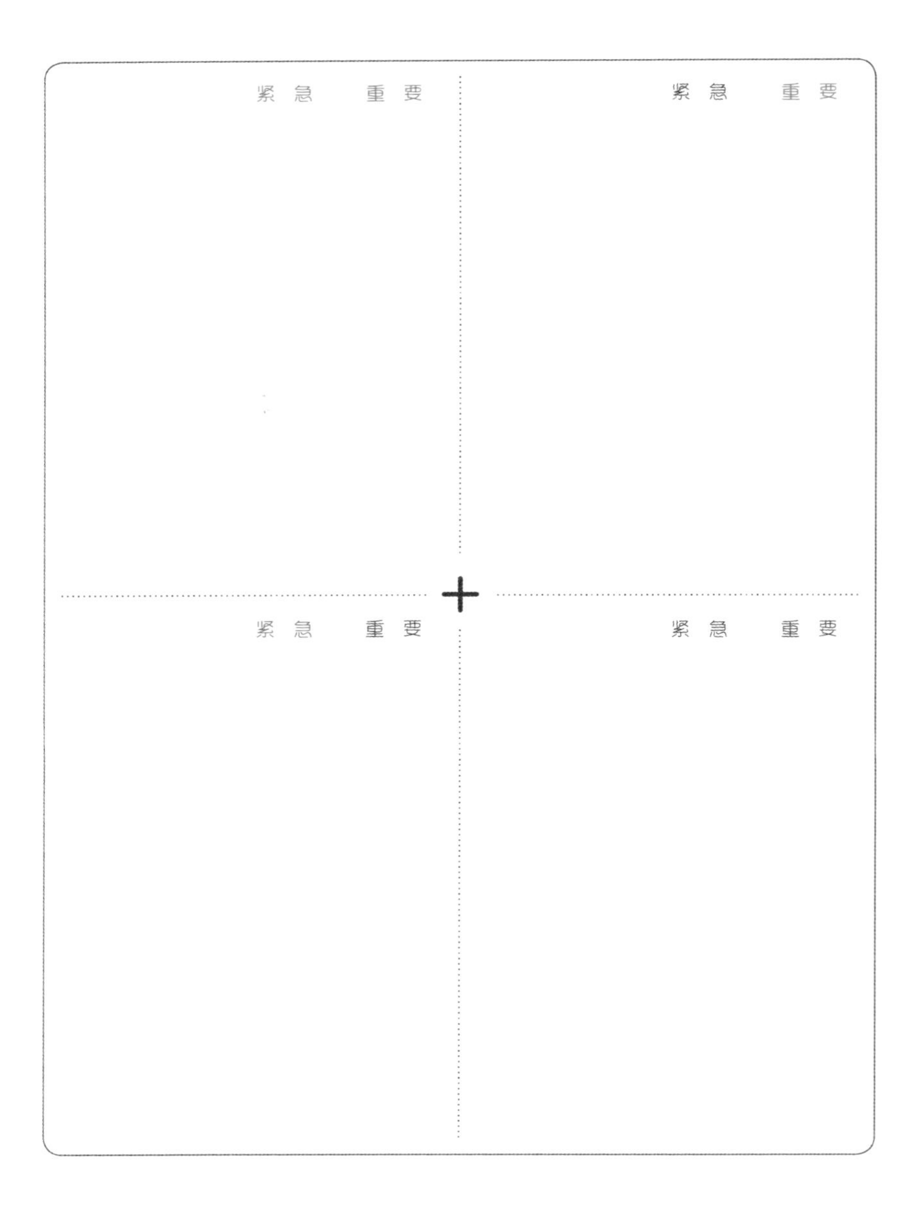
紧急 重要
紧急 重要
紧急 重要
紧急 重要

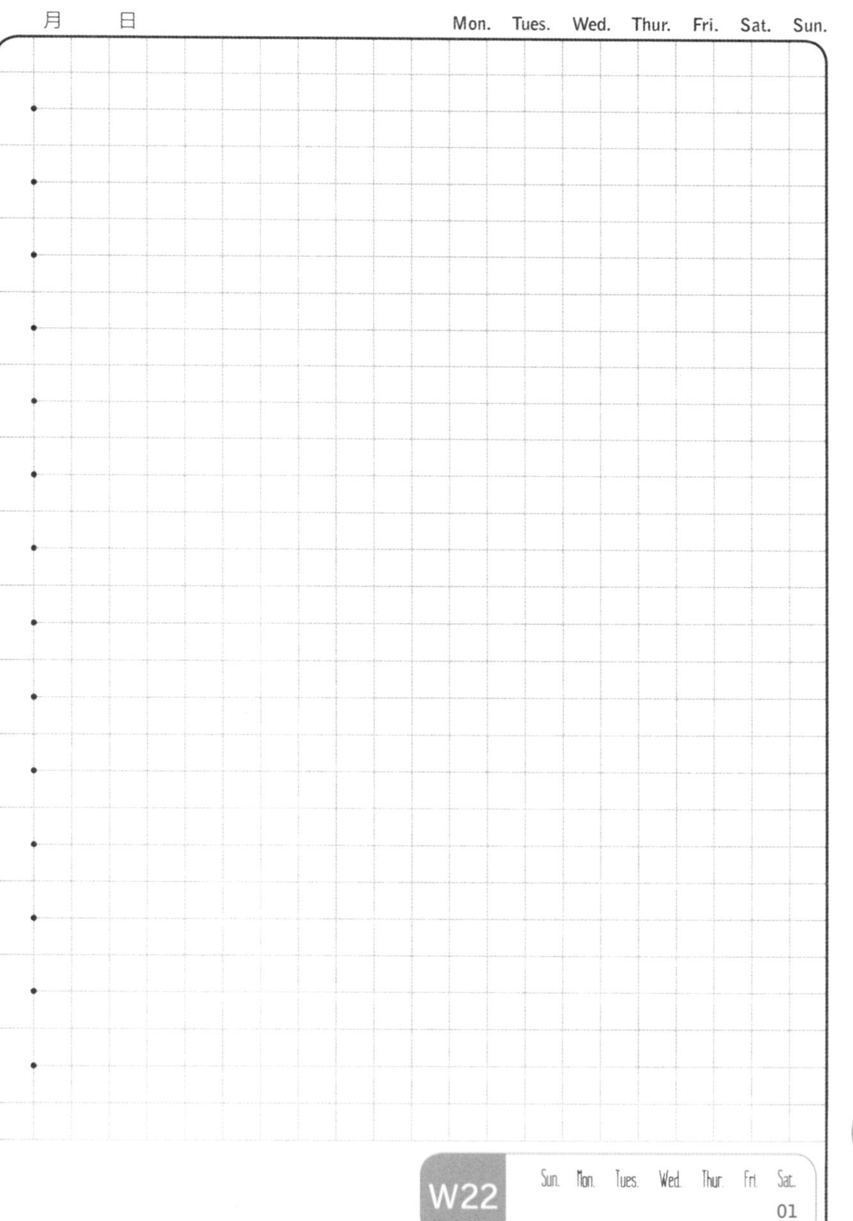

月 日
Mon. Tues. Wed. Thur. Fri. Sat. Sun.
W22
Sun. Mon. Tues. Wed. Thur. Fri. Sat.
01

下雨之前不准摘

我是跟奶奶长大的孩子。记忆里奶奶的模样依旧是清晰的，有时也有些模糊。每次模糊的时候，便拿些东西去看看她，里面有一样就是黄米粽子了。

每个端午节的前一天，奶奶都会把新鲜粽叶加少许盐煮过后拿去泡水，黄米也是要提前泡的，隔天才能拿来做馅。第二天早上等我醒来，奶奶早已坐在她的马扎上了，脚边的木盆也有了几十个包好的粽子。搬着小板凳坐在她身边，看奶奶拿三四片粽叶排好，轻轻放入水中浸一下便轻巧地在手心里转成了一个漏斗，放一颗红枣到底，再填上泡过的黄米。奶奶的手仿佛是一杆秤，每次刚好抓起能让粽子紧致而不外溢的米量，这一手真是让我佩服得不得了。

锅子加足水量，奶奶轻轻地放入粽子，既不紧密，也不疏远，插空加上鸡蛋后，先以大火煮到沸，转到小火后便进屋拿出她的针线盒，找出各种彩色的线编一条彩绳系在我手脚上，笑着叮嘱道："到下雨前不准摘掉噢！"

大约两小时后，粽子算是煮好了。奶奶一定会先拿出一个粽子和两个鸡蛋放在窗边，盛出锅里所有的东西后，转身去剥已不那么烫口的粽子和鸡蛋，撒上一点红糖后拿给我，笑眯眯地看我大口大口吃下去。那时候，我只觉得奶奶是天下最好最好的奶奶。

摆好黄米粽子，抬头看天上的云彩里渐渐浮现出奶奶的轮廓，笑着叮嘱道："到下雨前不准摘掉噢！"

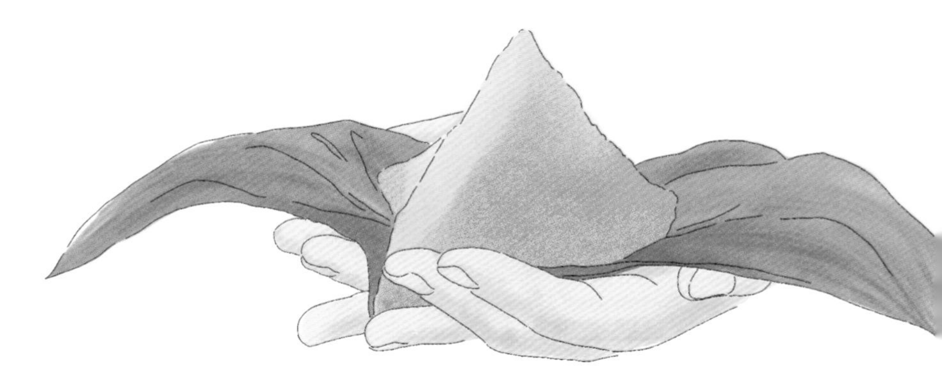

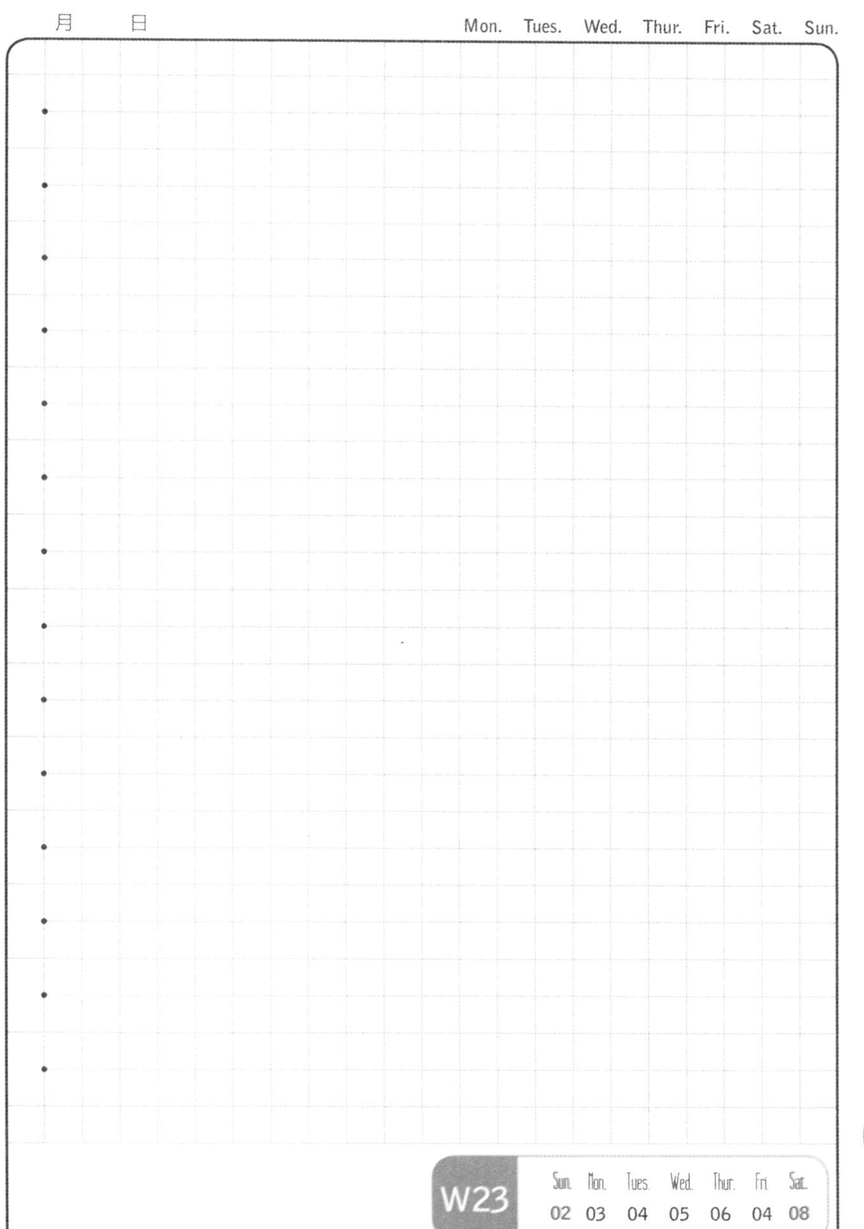
月 日
Mon. Tues. Wed. Thur. Fri. Sat. Sun.
W23
Sun. Mon. Tues. Wed. Thur. Fri. Sat.
02 03 04 05 06 04 08

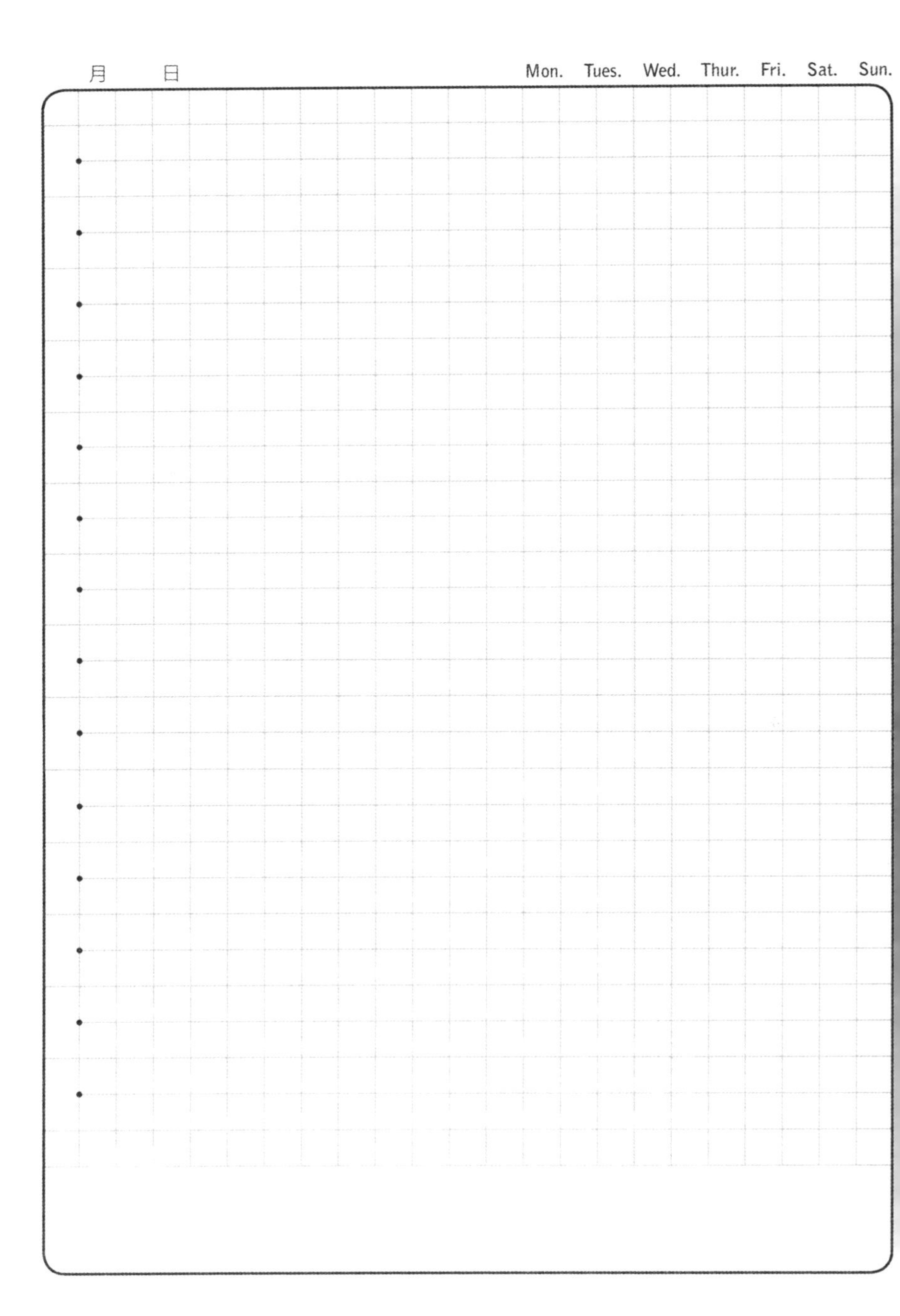
月 日
Mon. Tues. Wed. Thur. Fri. Sat. Sun.

月　　日　　Mon.　Tues.　Wed.　Thur.　Fri.　Sat.　Sun.

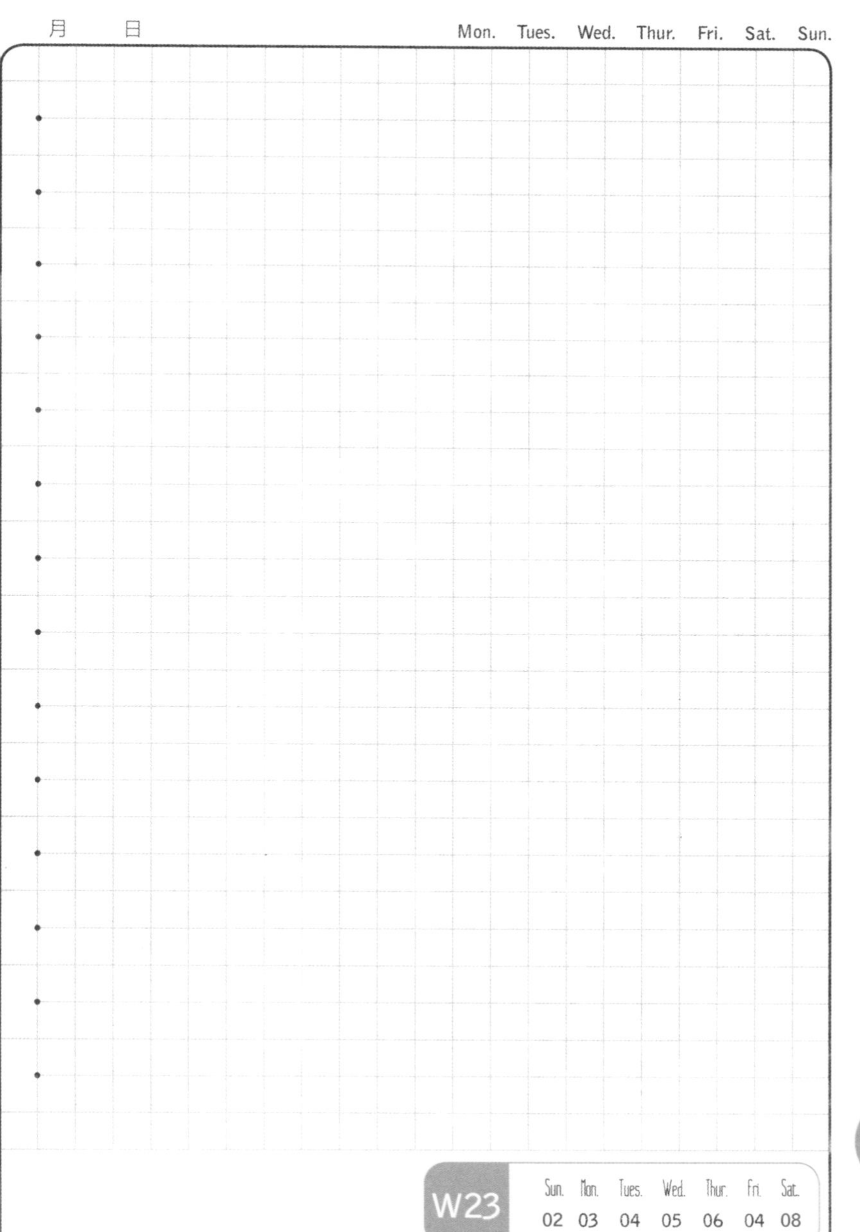

06

第24周

没有秘密

从传统意义上说，以制作食物谋生的人都可以被称之为「厨师」，是「在厨房工作的师傅」的简称。简称比全称更让人敬重，而且大部分人肯定希望被称做「师父」而不是「师傅」。

相传第一位典籍留名的厨师彭祖做了一碗雉羹助尧帝调理身体，尧大王一高兴便将彭城封给了他，彭城今天叫徐州。

雉羹就是野鸡汤，这碗鸡汤对尧帝调理身体究竟起了多大作用无从考究，但彭祖靠这碗鸡汤实在地创造了人生之辉煌篇章，也为后辈做出了榜样和指示：做厨师，心要野，手有活。

我觉得厨师更是谋略家。他们研究食材，研究技术，研究市场，研究口味，更研究人。好的厨师一定是顶级的谋略家，他把所有事情都研究透了，然后面无表情地告诉你——

厨房里没有秘密。

月 日
Mon. Tues. Wed. Thur. Fri. Sat. Sun.

月　　日　　Mon.　Tues.　Wed.　Thur.　Fri.　Sat.　Sun.

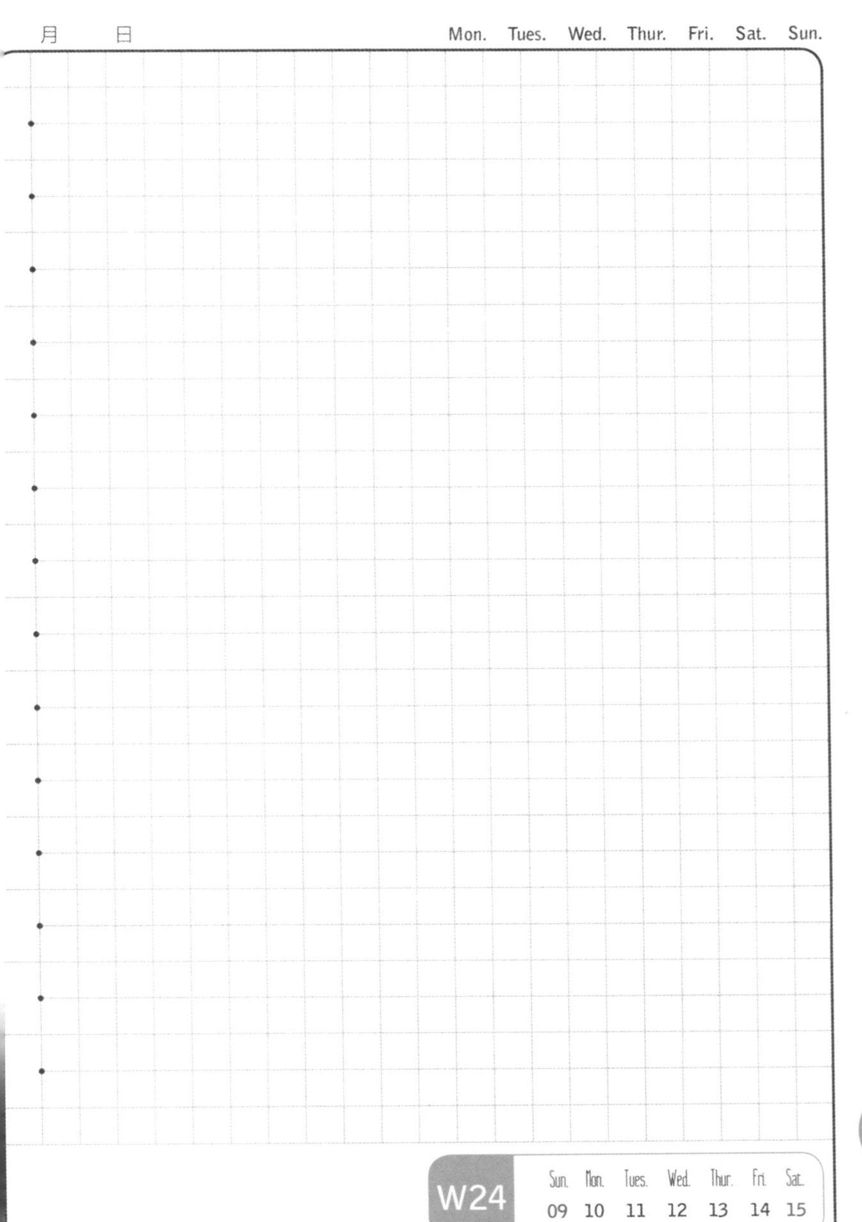

W24

Sun.	Mon.	Tues.	Wed.	Thur.	Fri.	Sat.
09	10	11	12	13	14	15

干炸响铃

话说杭州有处唤做东坞山的村镇，所产腐皮色泽金黄，薄如蝉翼，乃此中上品。一日，只见远远来了一匹黄骠马，马背上的汉子大喊："店家！速将腐皮包好了与我！"店家不敢怠慢，遂将刚做好的腐皮小心包了一包与他，那汉子接过后道了声谢，掷下一两银子后勒转马头大笑离去，远远只听到："耳兄啊耳兄，今日你有口福了！"众人不禁愕然：这汉子来去匆匆又出手阔绰的只为了一包腐皮，是要做甚？他所言'耳兄'又是何人？

那黄马脚力甚好，不消一盏茶的时分已由东坞山赶回西湖边的一间小馆子，只见馆子内一群泼皮无赖正将店主人围在当中，大呼小叫，那店主人愁眉苦脸，只是一个劲道："各位大爷，今日小店确无腐皮，确无腐皮啊！"

"打开门做生意，爷们要的你却不与我们做，难不成小瞧了爷们，还不给你银子怎地？"

"各位大爷，您就是再借小人几个胆，小人也不敢得罪各位啊，只是今日店中腐皮刚好断货，要不各位大爷看好店里有无其它顺口小菜，小人今天请了各位大爷便是。"

"爷们今天就是要吃你的'干炸腐皮'！拿不出来这就拆了你这招牌！还开的哪门子鸟店？"

原来这西湖边本有一大一小两间食肆，那小的虽不及大店气派华丽，口味却甚好，凭一道“干炸腐皮”着实抢了大店不少客人。大店店主恼这小店甚久，今日得知小店内腐皮用完，便召集了一群泼皮无赖前来闹事，准备掀了小店招牌。那汉子本打算在小店打尖歇息，眼见店主人被一群泼皮逼得走投无路，遂即骑上黄马跑了趟东坞山买来腐皮。

那汉子此刻将内力贯入手中那包腐皮，大喝一声：“兀那泼皮！腐皮在此！”一包腐皮挟着风劲便向泼皮而去。泼皮哪知这汉子已将内力贯入其内，一个身高力壮的伸手便接，只听咔嚓一声，那泼皮右手手骨已然尽数折断，在地下杀猪一般嚎叫，剩下的几个泼皮惊慌失措，却也知道了这汉子定为高手，今日是讨不到便宜了。

“回去和你家主人说，做生意但是凭得真本事！若再这般无赖，刘震坤定去折了他全身骨头，赶出西湖！”

这汉子原是大侠刘震坤，泼皮听得哪敢停留，小店主人上前跪倒便磕起头来：“小人谢刘大侠主持公道！”

刘震坤哈哈一笑，伸手轻轻托起店主人，说道：“久闻你店里‘干炸腐皮’做得甚好，刘某人今日可有口福一尝？”

小店主人赶紧将刘震坤让进店内，泡了上好的龙井与他，遂即拾起地上那包东坞山腐皮进厨房去了。

那人感激刘震坤大恩，寻思这菜今日定要做得与往日有些不同才显诚心，遂取出上好的猪里脊肉去了筋膜剁成细蓉，使精盐白糖入味，又倒了些上好的绍酒，想了想又加了个蛋黄在内，最后剁一把鲜摘的小葱进去搅匀，这馅子才算是调好。

小店主人又想这菜今日需做到整齐干净，便用刀将腐皮去除边角，切成四四方方的形状，将馅子淡淡的抹在腐皮下方，轻轻卷起后以清水黏边，紧实了后切成了大小一致的段子，均竖立放在盘中。再取出一口黑锅，烧上一锅油，待四成热时即小心地逐一下入腐皮段子，以手勺轻推并反复浇油，待炸到金黄时这才取出沥干油分摆了盘，又配了一碟面酱、一碟小葱、一碟花椒盐，看了看，心满意足地端出去了。

刘震坤见那腐皮炸得金黄松脆，夹起一段，蘸了些花椒盐送入口中，但觉口中松脆无比，咯吱咯吱的声音听起来也甚清脆可耳，这卷子因层层卷起在喉中逐一散开，细品又有肉末的鲜美滋味，想必是加了上好的里脊做馅，只是这滋味若有若无，真是比填满肉馅来的高了些许意境。

刘震坤哈哈一笑，道：“此菜可叫‘干炸腐皮’？”

“正是！恩人可满意小人手艺？”

“店家手艺，西湖第一！只是刚才觉得这腐皮入口后响声清脆，有如我黄马脖下马铃一般，今天不但肚子饱了，我这耳朵也如享用了美食一般，所以这菜名刘震坤斗胆改为‘干炸响铃’，不知主人家意下如何？”

“谢恩人！谢恩人！干炸响铃！干炸响铃！”

“哈哈，如此甚好！”

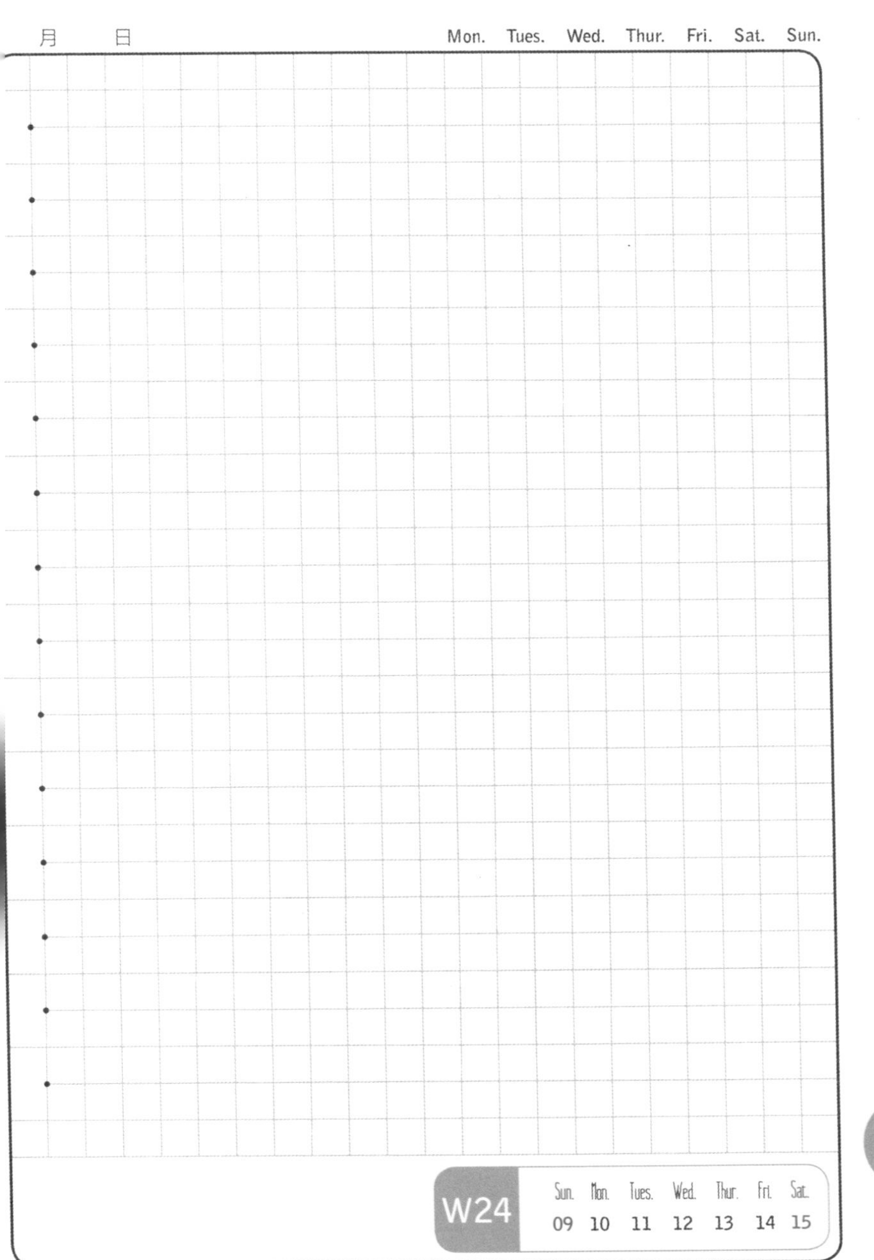

月 日
Mon. Tues. Wed. Thur. Fri. Sat. Sun.
W24
Sun. Mon. Tues. Wed. Thur. Fri. Sat.
09 10 11 12 13 14 15

夏至

夏至到来的日子里，红红翠翠的颜色最好看了。

夏藕是脆的，想保持纯白的颜色便要拿去泡水。这个季节的虾多了甜味，仿佛是在恋爱。红得发紫的果子是鲁迅笔下的让他「满口生津」的野山梅，这些就是今天的食材了。

藕焯水后拿去冰镇，虾去了线以油煎红，最后以流水冲洗野山梅，切碎就好了。

如果只是把它们摆在一起，是和这个夏天不相配的。抹茶和糖霜拌匀撒了底，再摆上去的时候，一下子就是夏天的颜色和味道了。

月　日　Mon.　Tues.　Wed.　Thur.　Fri.　Sat.　Sun.

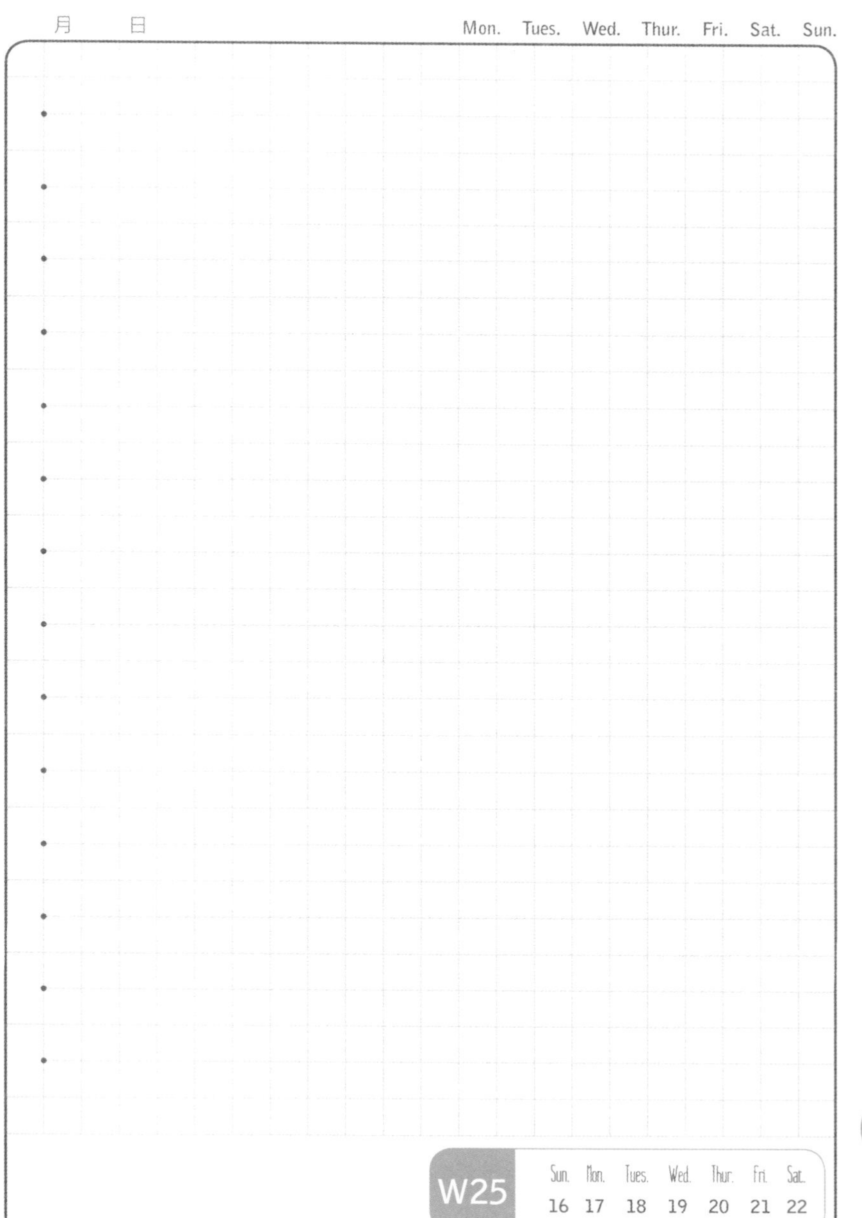

月 日
Mon. Tues. Wed. Thur. Fri. Sat. Sun.

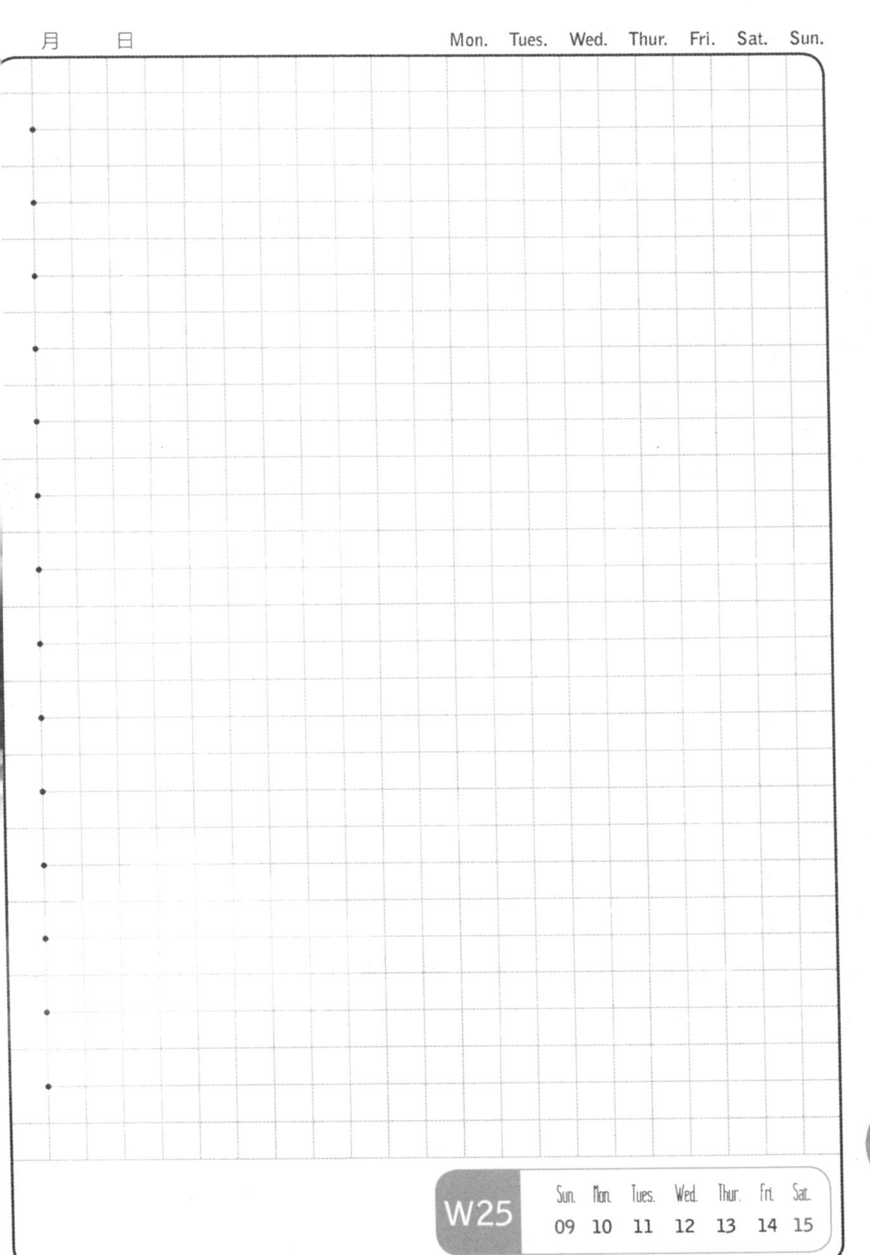
月 日
Mon. Tues. Wed. Thur. Fri. Sat. Sun.
W25
Sun. Mon. Tues. Wed. Thur. Fri. Sat.
09 10 11 12 13 14 15

第26周

河坊街

六月，

再来到老街。

拐进那条小巷，

抬头，

透过指缝的屋檐错落着，

还是你喜欢的那个样子。

只是，

墙上多了斑驳，

告诉我，

你走了一年。

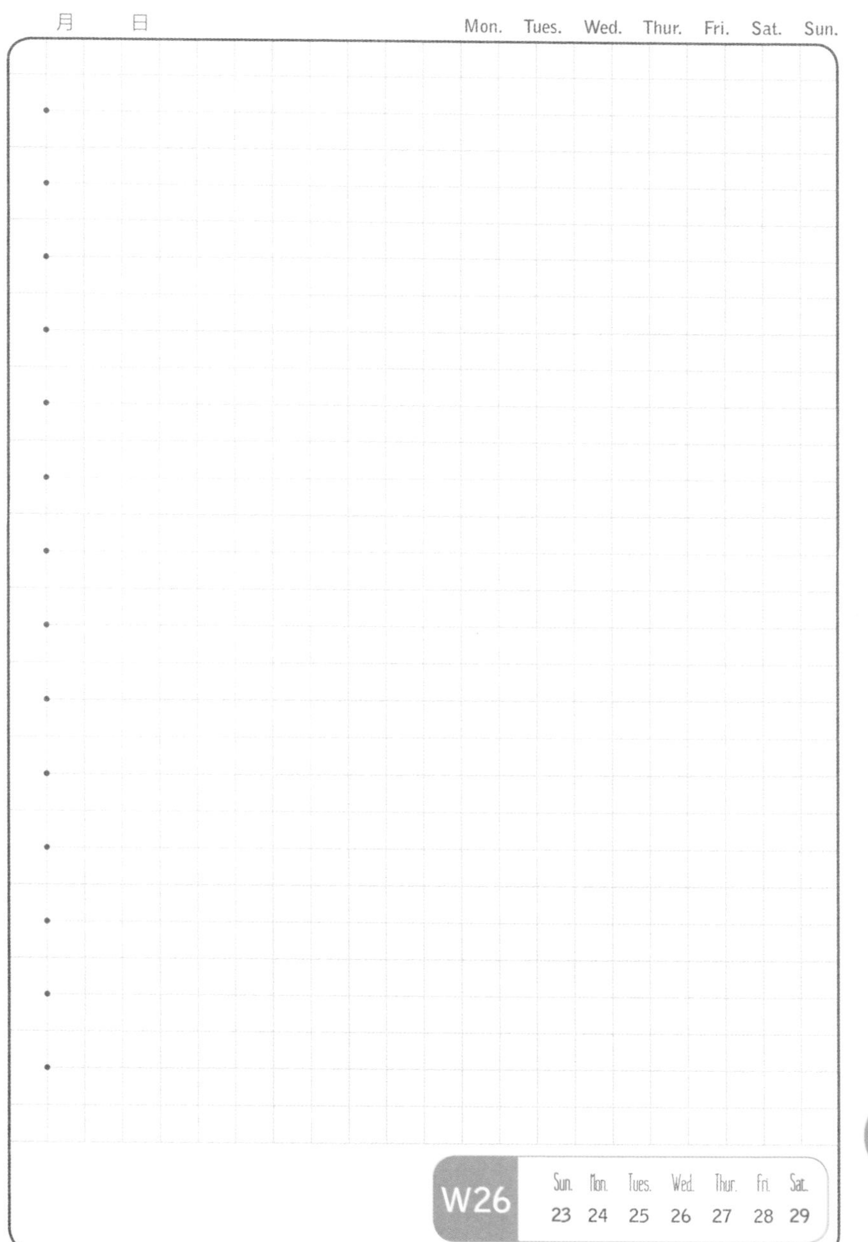
月 日
Mon. Tues. Wed. Thur. Fri. Sat. Sun.
W26
Sun. Mon. Tues. Wed. Thur. Fri. Sat.
23 24 25 26 27 28 29

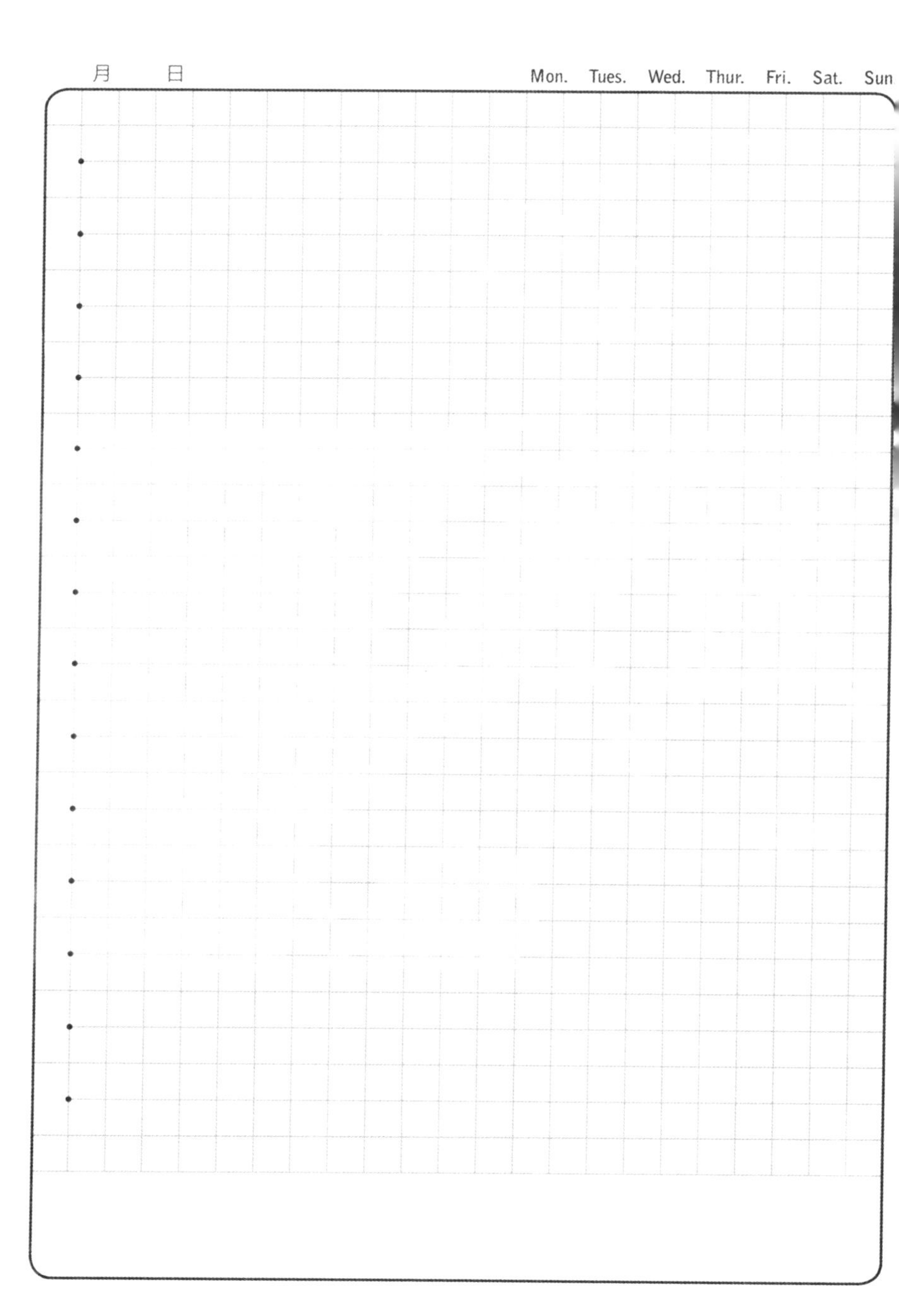
月 日
Mon. Tues. Wed. Thur. Fri. Sat. Sun

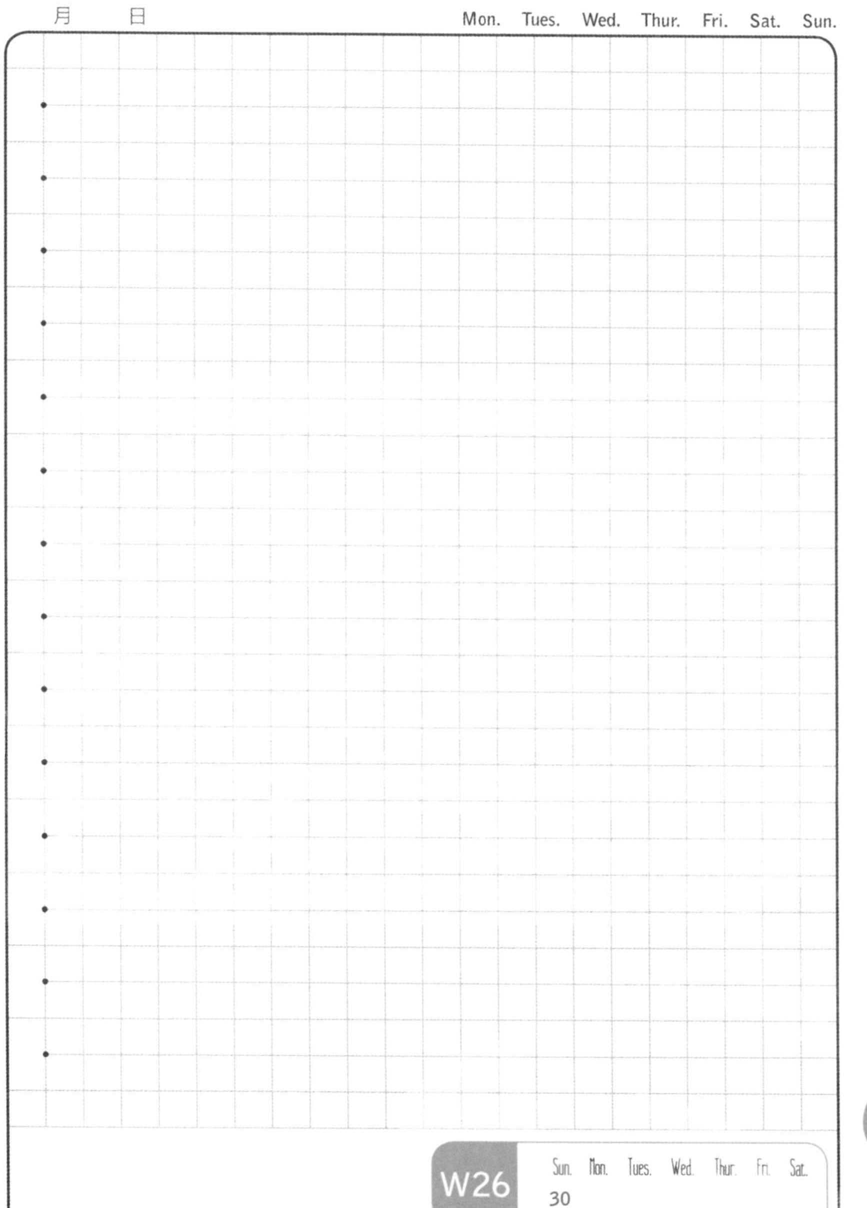
月 日
Mon. Tues. Wed. Thur. Fri. Sat. Sun.
W26
Sun. Mon. Tues. Wed. Thur. Fri. Sat.
30

06

07

JULY

SUN.	MON.	TUE.
	建党节 01	三十 02
小暑 07	初六 08	初七 09
十二 14	十三 15	十四 16
十九 21	二十 22	大暑 23
廿六 28	廿七 29	廿八 30

WED.	THU.	FRI.	SAT.
六月 03	初二 04	初三 05	初四 06
初八 10	初九 11	初十 12	十一 13
十五 17	十六 18	十七 19	十八 20
廿二 24	廿三 25	廿四 26	廿五 27
廿九 31			

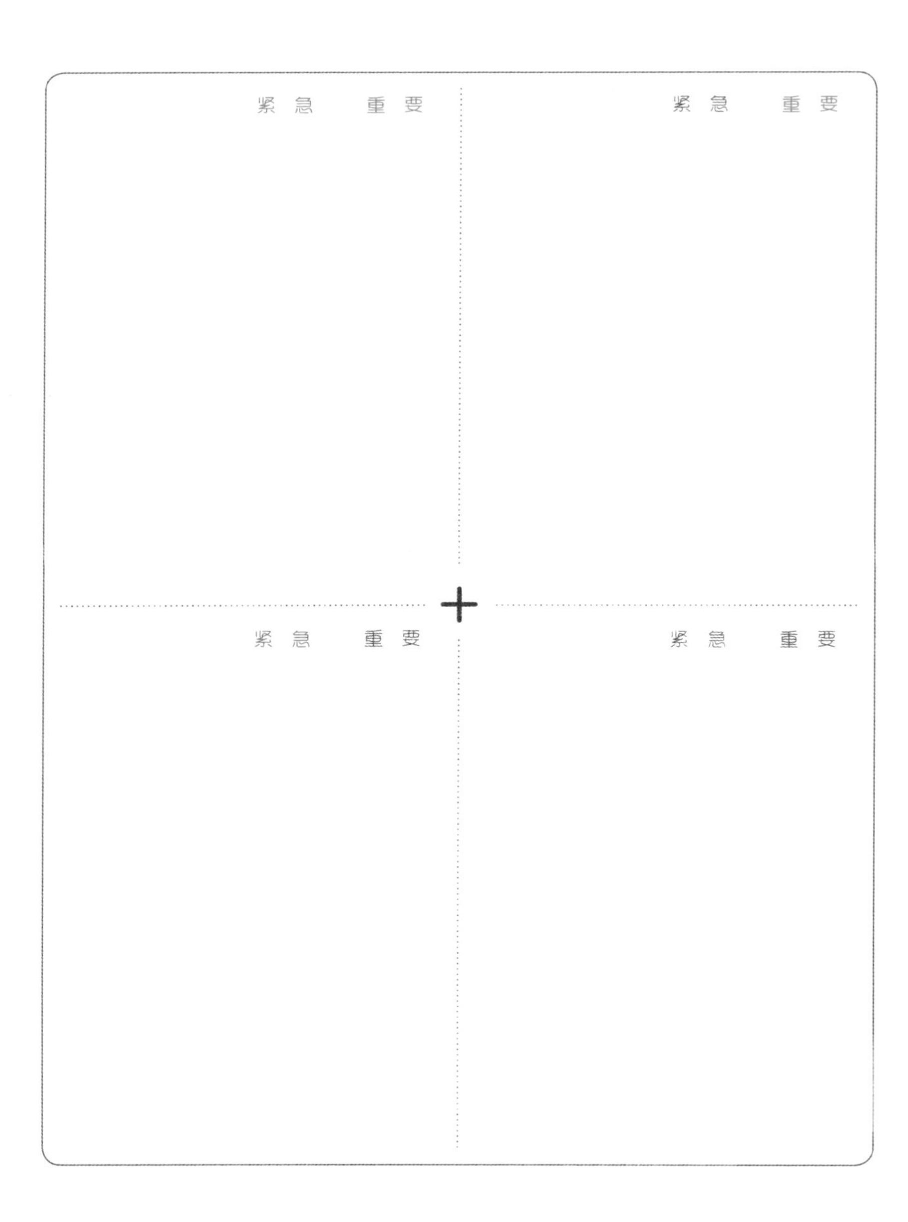

紧急 重要
紧急 重要
紧急 重要
紧急 重要

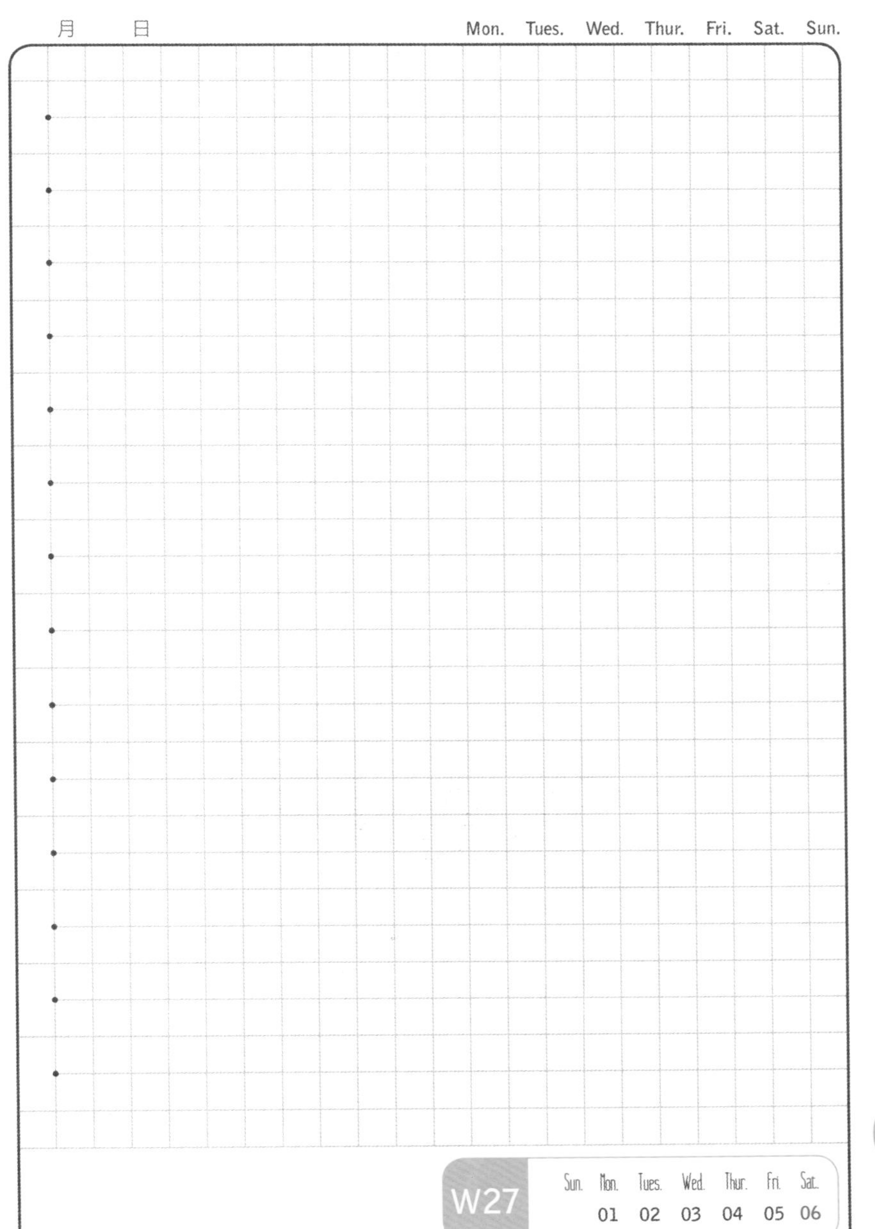
月 日
Mon. Tues. Wed. Thur. Fri. Sat. Sun.
W27
Sun. Mon. Tues. Wed. Thur. Fri. Sat.
01 02 03 04 05 06
07

你问

红色代表我的心，
那黑色是什么？
傻瓜，
那当然是我的眼睛，
在一直看着你。

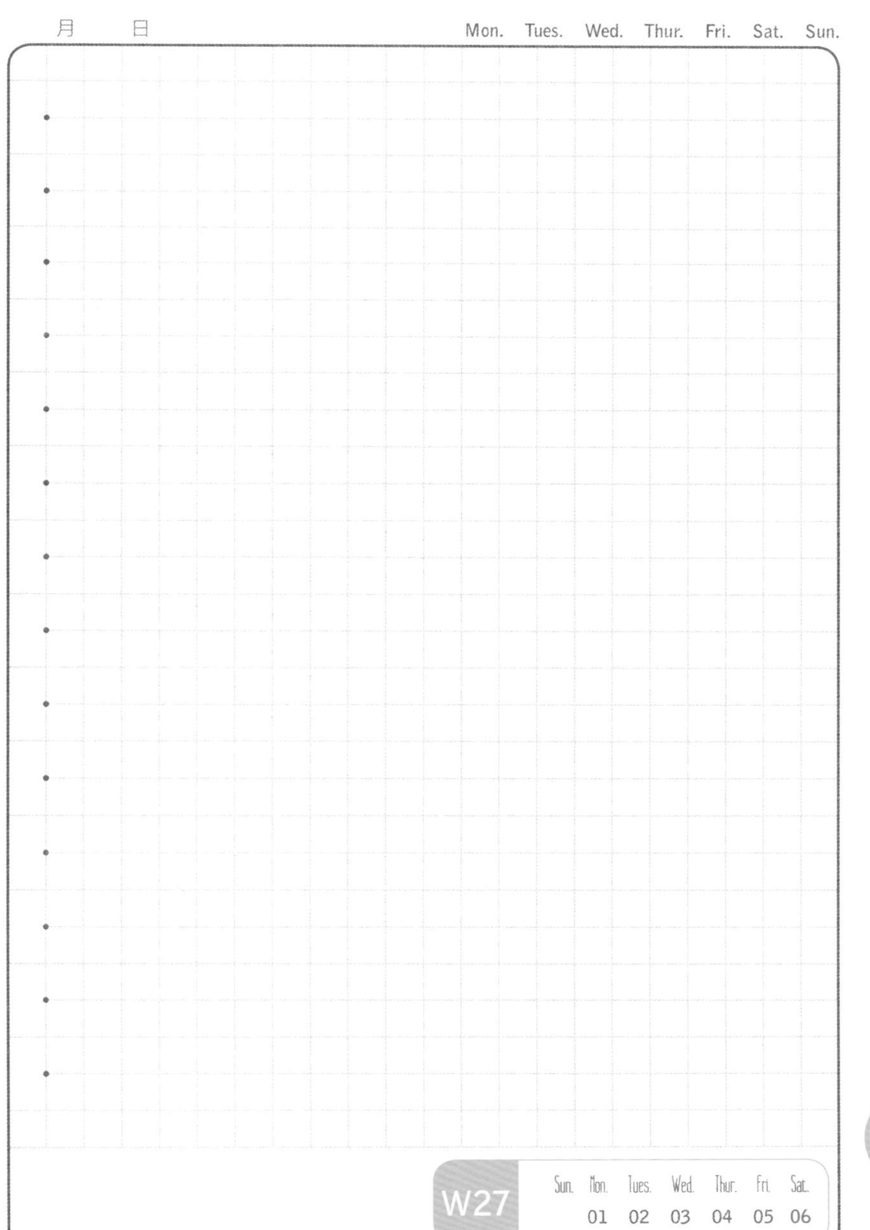

月 日
Mon. Tues. Wed. Thur. Fri. Sat. Sun.
W27
Sun. Mon. Tues. Wed. Thur. Fri. Sat.
01 02 03 04 05 06

月 日
Mon. Tues. Wed. Thur. Fri. Sat. Sun.

月　　日　　Mon.　Tues.　Wed.　Thur.　Fri.　Sat.　Sun.

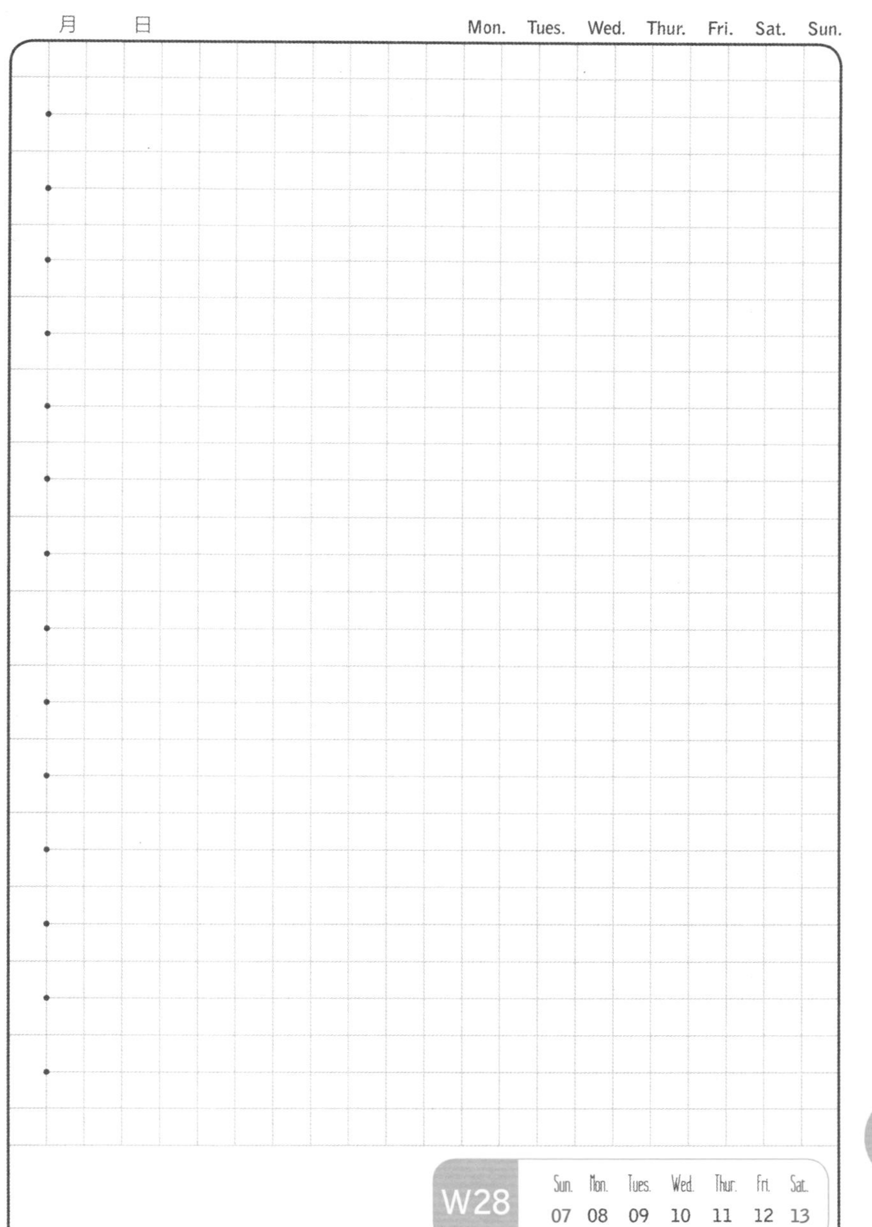

W28

Sun.	Mon.	Tues.	Wed.	Thur.	Fri.	Sat.
07	08	09	10	11	12	13

第28周

猫阿婆
猫阿婆
綠茶圓
芋圓
地瓜圓
綠茶圓
山藥薯圓
芋圓·地瓜圓 2合1
芋圓·綠茶·地瓜圓 3合1
芋圓 地瓜圓 山藥薯 綠茶圓 4合1
大盒 80
猫阿婆
猫阿婆
地瓜圓 50盒
芋圓 30盒
綠茶圓 50盒
星期一
29
廿七
猫阿婆
芋圓
芝麻圓
地瓜圓

猫阿婆的店

猫有九条命，他们全部用完的时候，
就会去到猫的世界。
猫阿婆的店，就在那里。
不知道，我们的命用完的时候，
会去到哪里？

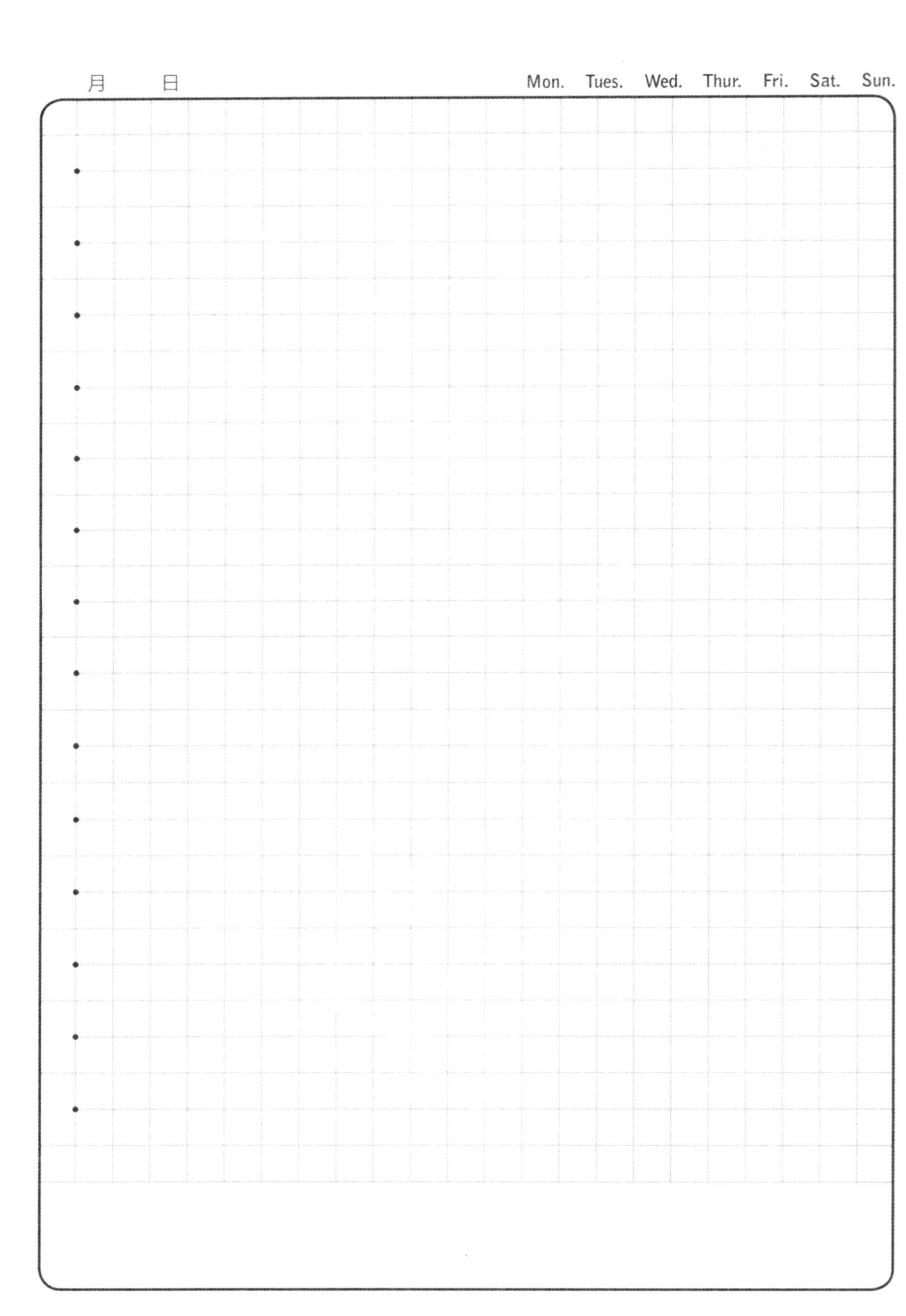
月 日
Mon. Tues. Wed. Thur. Fri. Sat. Sun.

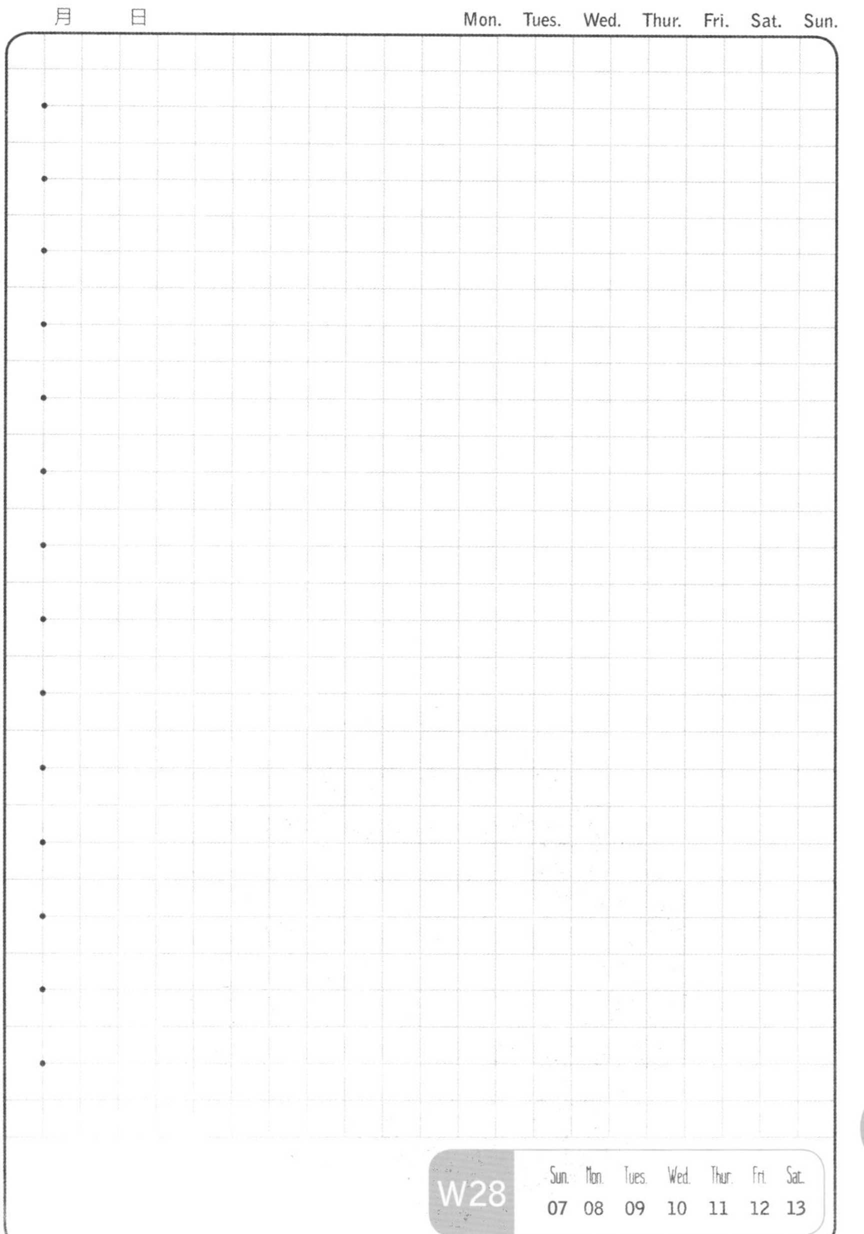
月 日
Mon. Tues. Wed. Thur. Fri. Sat. Sun.
W28
Sun. Mon. Tues. Wed. Thur. Fri. Sat.
07 08 09 10 11 12 13

清爽

厉害的师傅和有文化的吃货常说，菜市场是了解、融入当地文化最好最直接的地方，对此我表示深信不疑。菜市场摊主虽大半不是土著，可他们比当地人更了解他们自己的胃，加上努力学习了解土著的说话和生活方式，长久以来，也和当地土著无异了。

经常光顾摊位的生意是整个菜场最火爆的，生意好到隔壁摊位的人常不咸不淡地揶揄她，好在人家笑吟吟的并不在意。与人为善，这是她生意好的一个原因吧。

买了新鲜蔬菜，便有些开心。看到刚出海回来的小两口有蛎虾卖，就带些回家。刚走一步，回头问：「现在不是封海了吗？」小哥红了脸笑着挠挠头，小老婆儿则没听见一样，继续叫喊着卖。

到家，择菜，洗菜，过水，煮虾，芝麻沙拉酱、黄芥末酱再加些味淋和白醋，沙拉汁就算调好了。倒进蔬菜里拌匀，好像还差点甜味。一定要放砂糖，似化非化的有些甜头，到嘴里还有沙沙的口感。放上虾和金枪鱼，再来半只水煮蛋，清爽的一天开始了。

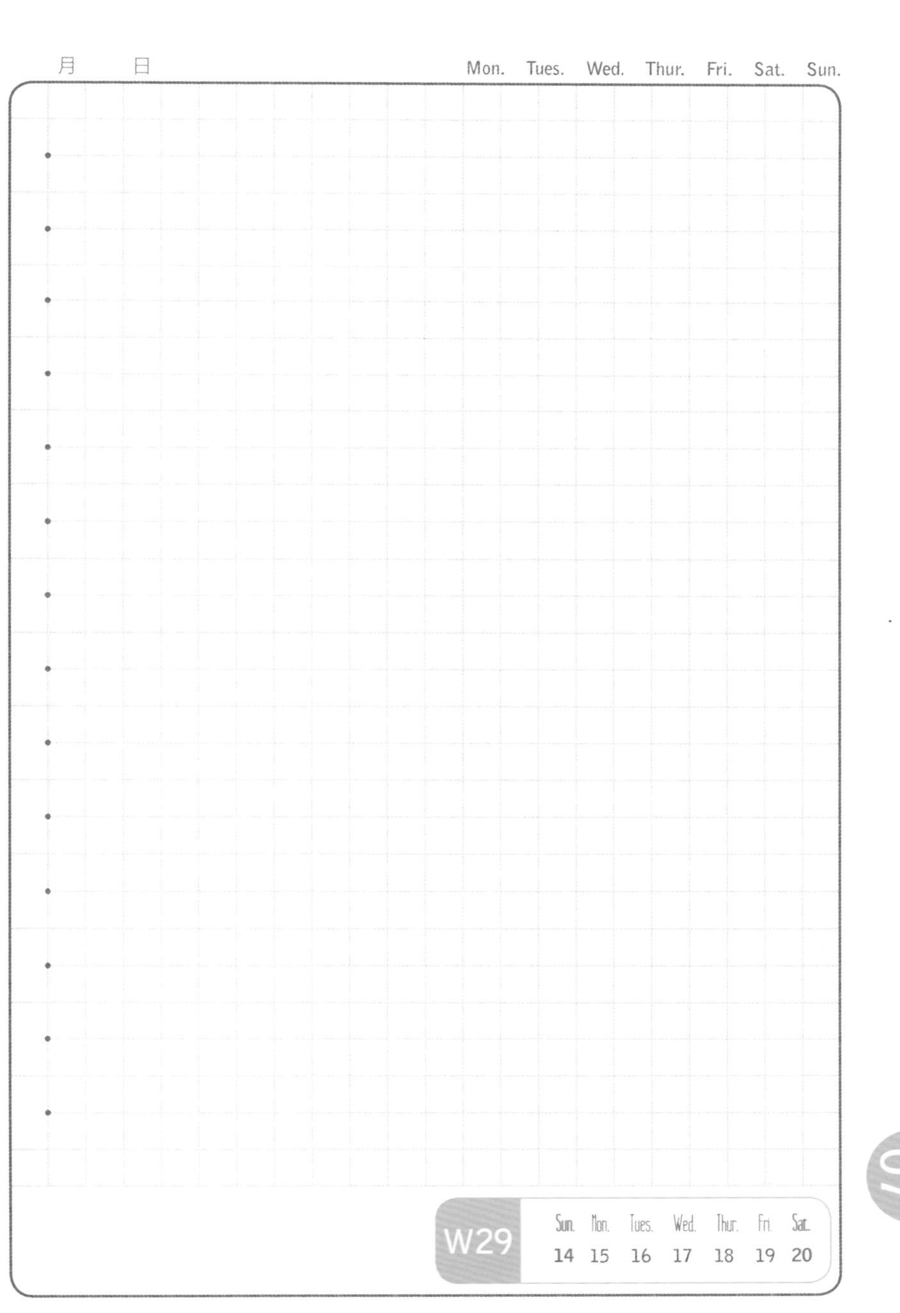
月 日
Mon. Tues. Wed. Thur. Fri. Sat. Sun.
W29
Sun. Mon. Tues. Wed. Thur. Fri. Sat.
14 15 16 17 18 19 20

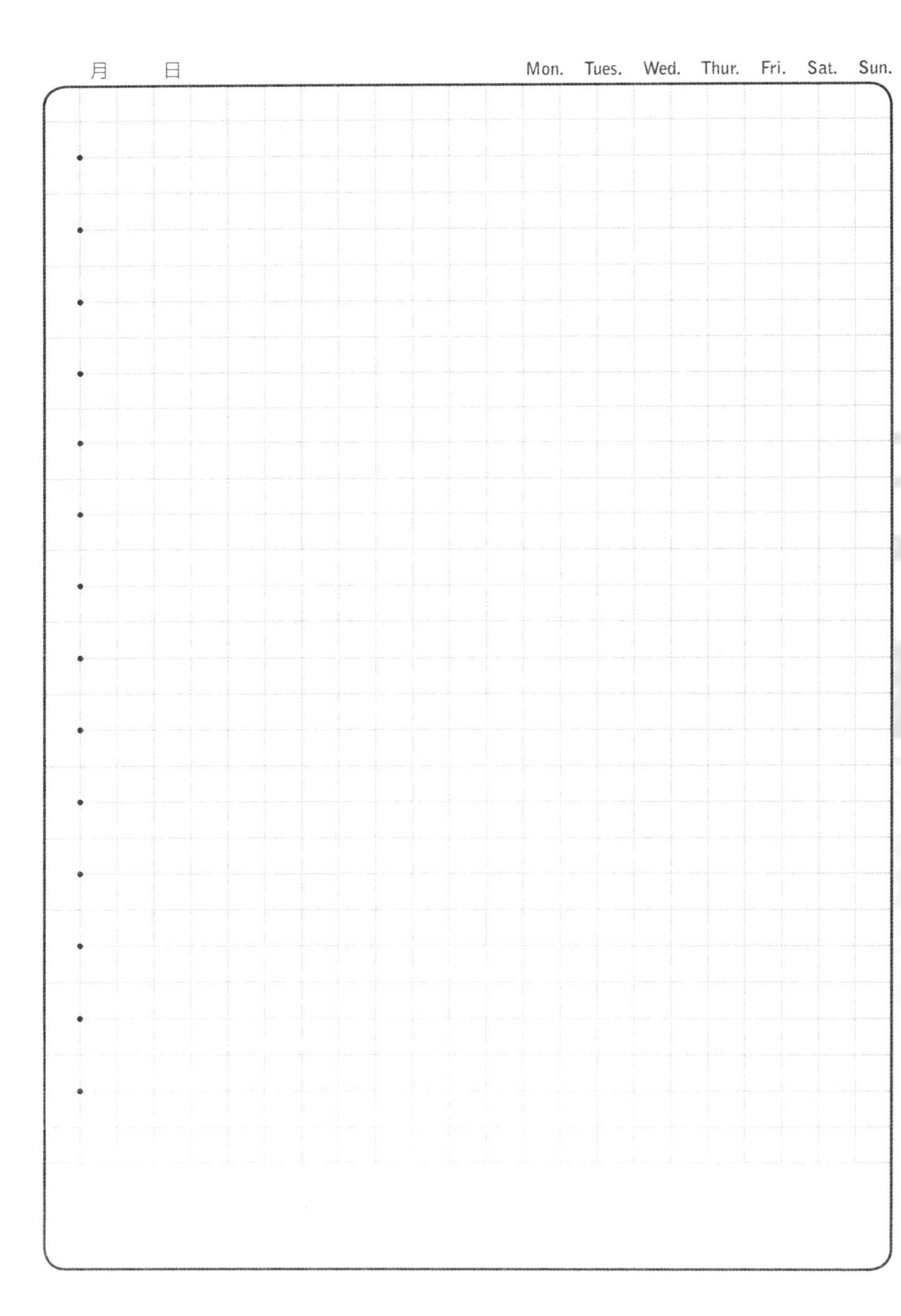
月 日
Mon. Tues. Wed. Thur. Fri. Sat. Sun.

月 日 Mon. Tues. Wed. Thur. Fri. Sat. Sun.

W29

Sun.	Mon.	Tues.	Wed.	Thur.	Fri.	Sat.
14	15	16	17	18	19	20

桂花糖藕

大暑这天又到杭州，明知道这季节的藕口感不是最佳，但还是不自觉地到西湖边的卤货窗口买了吃。这家的藕周身通红，叫做「胭脂红」，算是特色，藕绵而不软，米糯而不黏，配以桂花的清香，拾一块在嘴里，只怕皇帝也没我吃得好。

西湖的藕是上品，旧时被制成藕粉供皇家享用，寻常百姓无法享受这待遇，便以另一种方法制藕，就有了桂花糖藕——当然，这是我的猜想。

糖藕不难做。两端未被斩开的藕洗净泡水，糯米温水浸泡后使其软糯。藕去皮后从一端切开，把泡过的糯米塞到孔洞，再用牙签将切下那段与藕身固定就可以入锅了。

老实说我更喜欢颜色浅淡的糯米藕，总觉得素色才配这道清雅小菜。加入没过藕身的水，放入足量的冰糖和桂花，大火将其烧开后，随即转为文火慢慢炖制。

然后便有足够的时间念江南。

藕清，米糯，桂花香，叫人怎不忆江南。

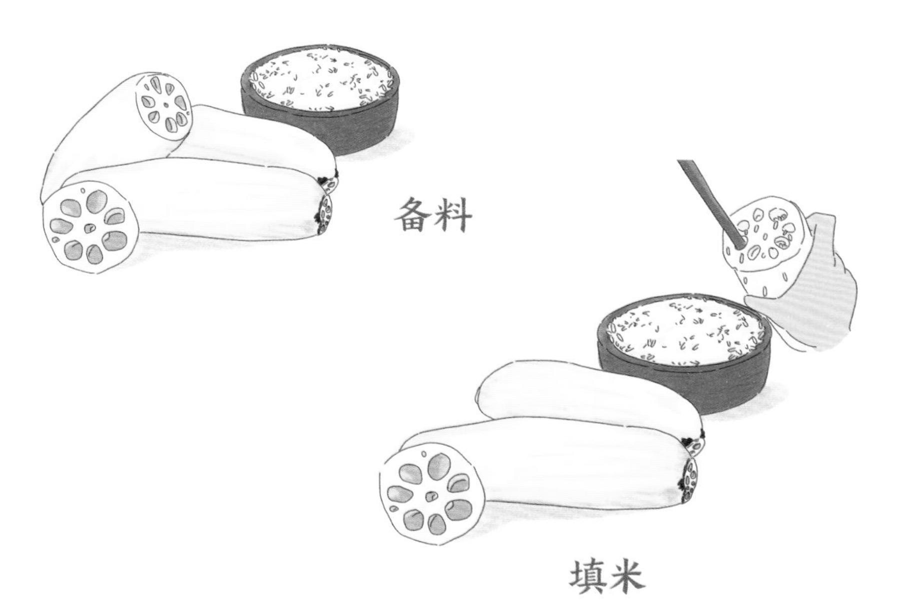

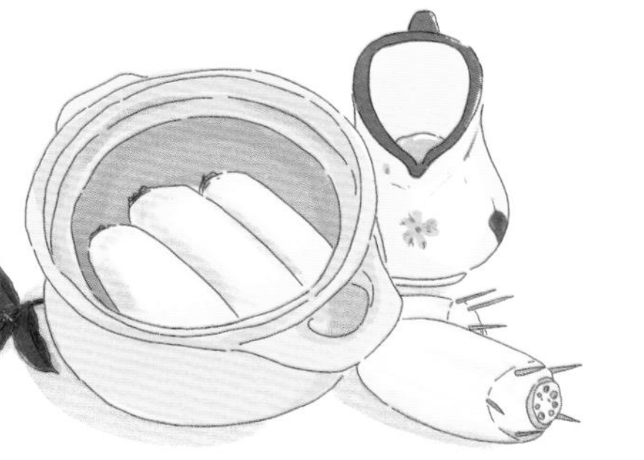

熬煮

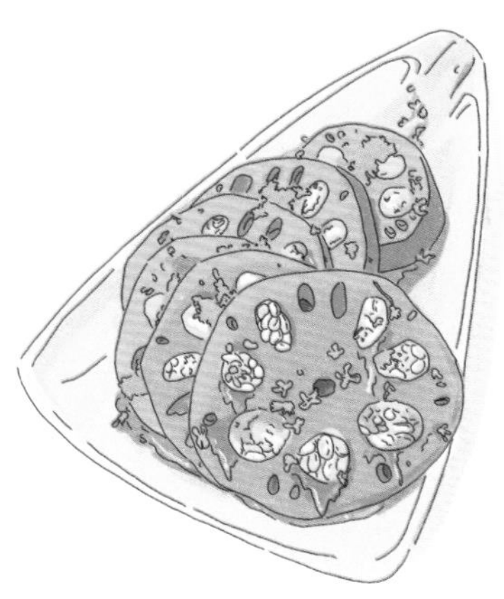

月 日
Mon. Tues. Wed. Thur. Fri. Sat. Sun.

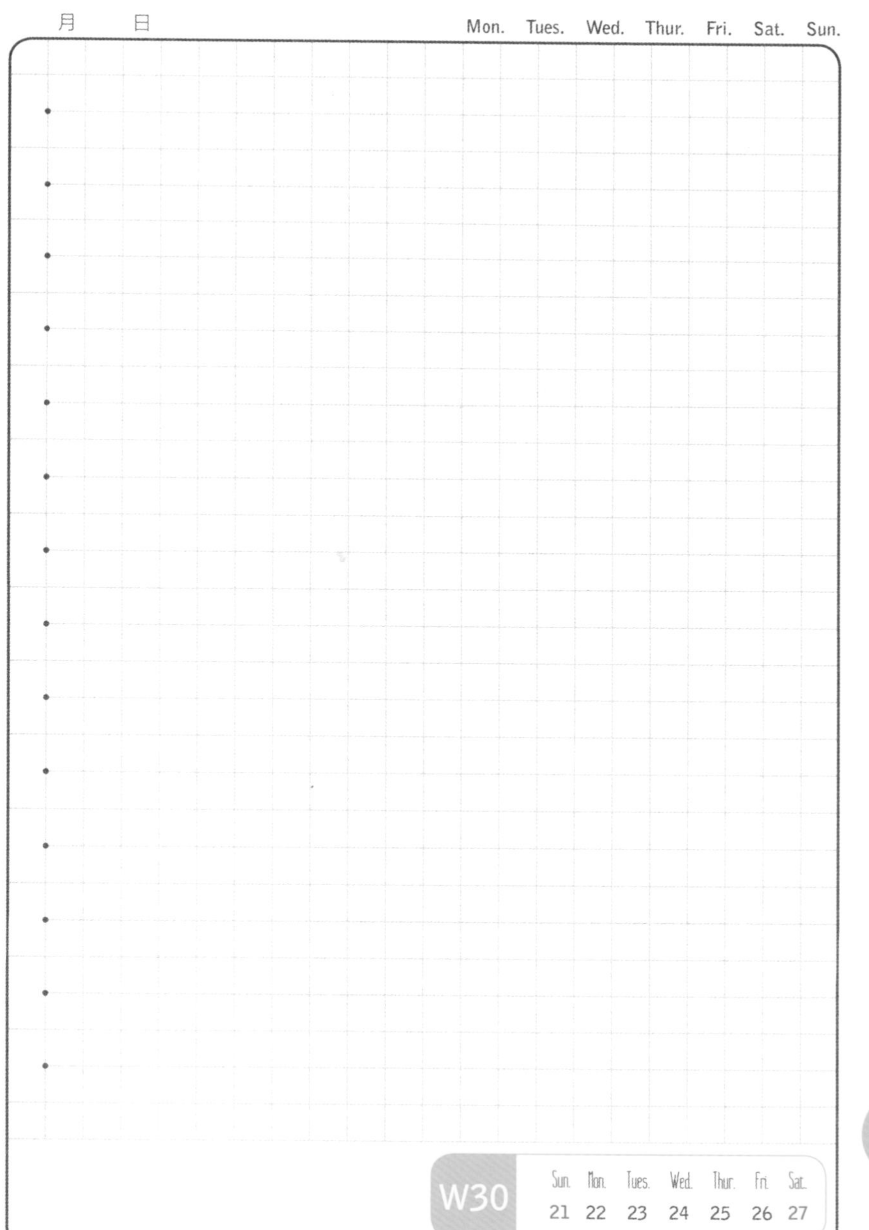
月 日
Mon. Tues. Wed. Thur. Fri. Sat. Sun.
W30
Sun. Mon. Tues. Wed. Thur. Fri. Sat.
21 22 23 24 25 26 27

月 日
Mon. Tues. Wed. Thur. Fri. Sat. Sun.

月　　日　　Mon.　Tues.　Wed.　Thur.　Fri.　Sat.　Sun.

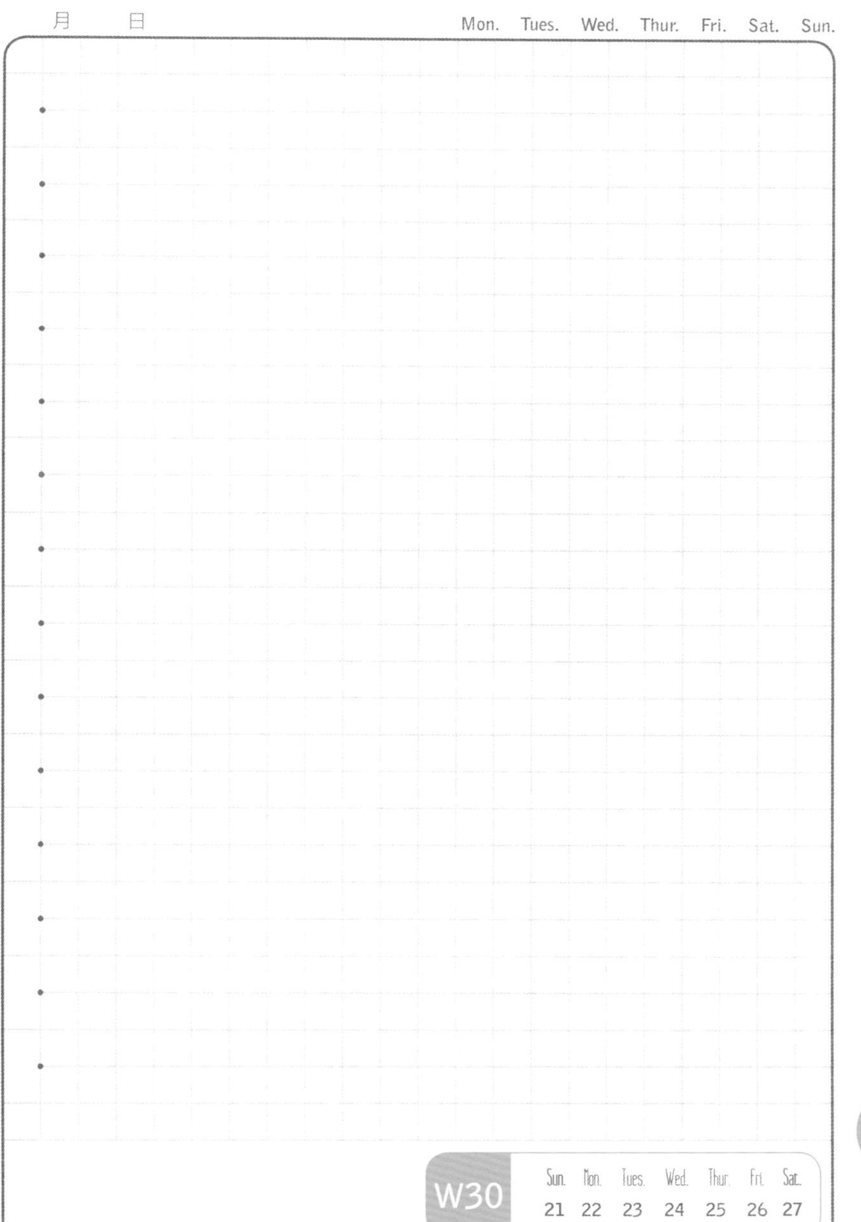

第31周
料理
的意义绝不仅止于裹腹。
精致的表象下，
是专注于生活的心。
人生百味或许无法掌控，
但盘中滋味，
却可肆意挥洒。

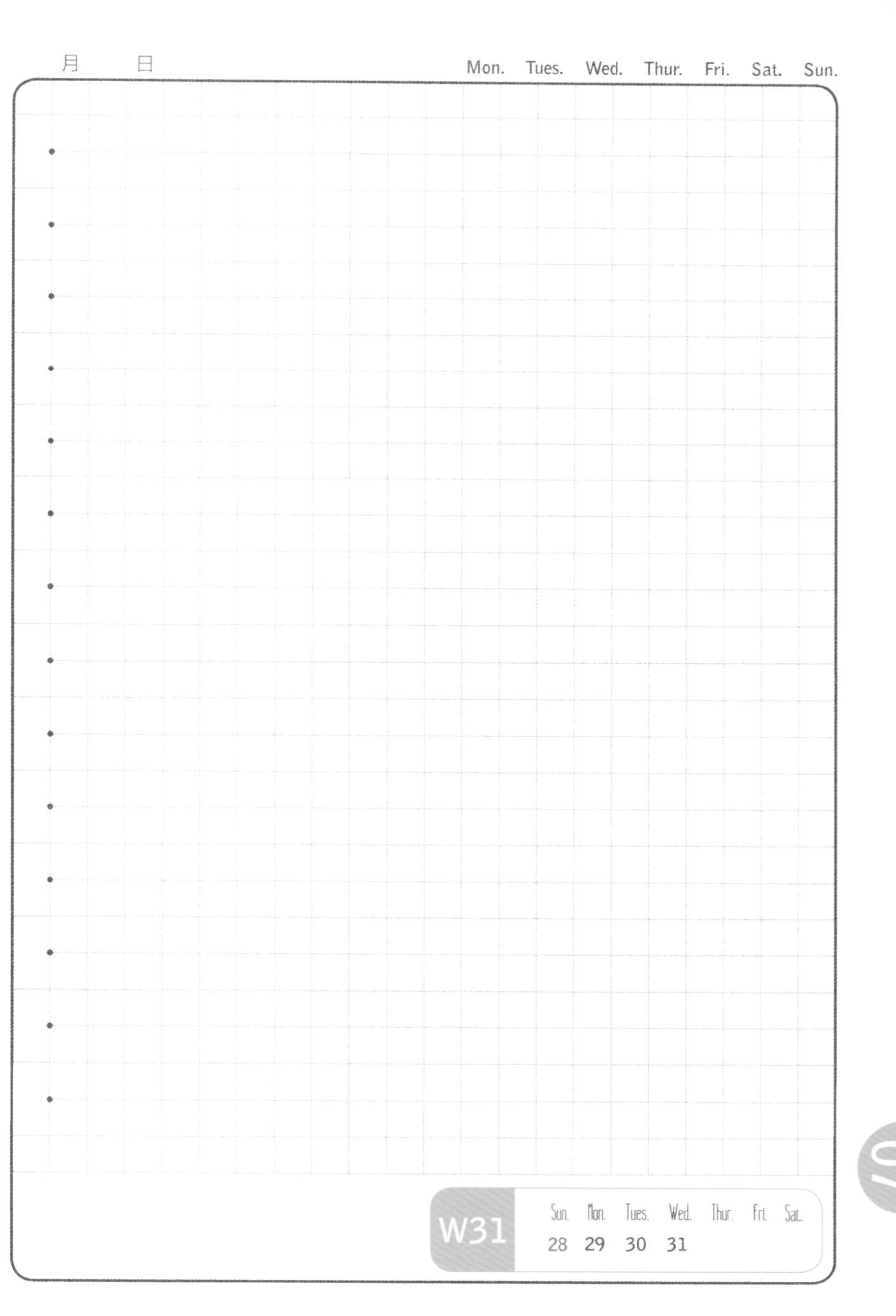
月 日
Mon. Tues. Wed. Thur. Fri. Sat. Sun.
W31
Sun. Mon. Tues. Wed. Thur. Fri. Sat.
28 29 30 31
07

AUGUST

SUN.	MON.	TUE.
初四 04	初五 05	初六 06
十一 11	十二 12	十三 13
十八 18	十九 19	二十 20
廿五 25	廿六 26	廿七 27

WED.	THU.	FRI.	SAT.
	建军节 01	初二 02	初三 03
七夕节 07	立秋 08	初九 09	初十 10
十四 14	十五 15	十六 16	十七 17
廿一 21	廿二 22	廿三 23	廿四 24
廿八 28	廿九 29	八月 30	初二 31

紧急　重要　　紧急　重要

紧急　重要　　紧急　重要

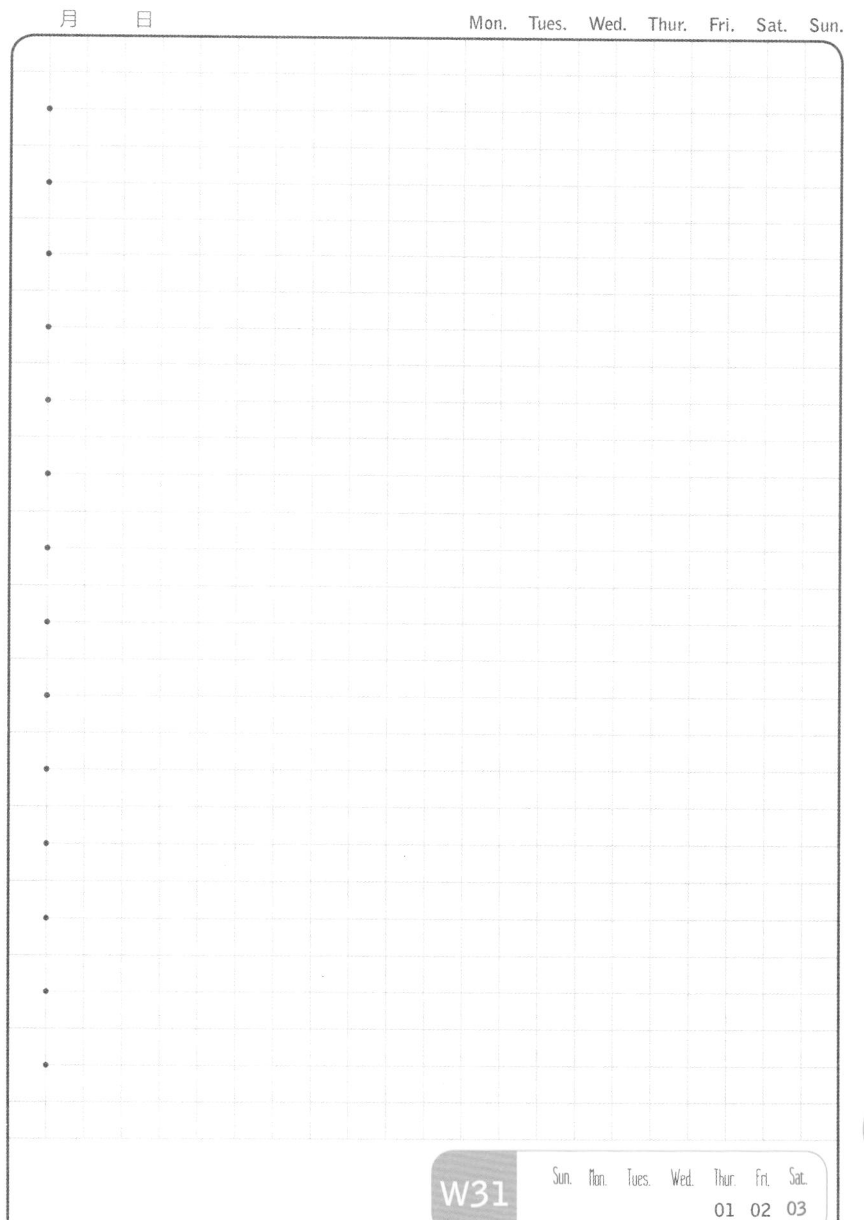
月 日
Mon. Tues. Wed. Thur. Fri. Sat. Sun.
W31
Sun. Mon. Tues. Wed. Thur. Fri. Sat.
01 02 03

生煎

生煎，是现代叫法，省了俩字：馒头。其实不加这两字也好，你想，「生煎馒头」，让人禁不住联想起穿着花布棉袄的北方大姑娘，不如江南女子般来得柔软了。

立秋这天下江南，其中一件大事便是寻找生煎。这生煎类似天津小笼包，不同的是上面撒满了青翠的小葱和双色芝麻，底面被煎成金黄色，卖相极好。据说若生煎底厚不酥，客人是有权利拒吃的。

我之前是没吃过的，不知道多厚算厚，至于酥的程度，得尝过才说。

一口一个，我嘴大。

满嘴热汤汁，着实被烫到了，吐出不雅，只好忍住咽下去了。

好的生煎必须汤汁十足。

怎么不早说！

小心地再咬开一个，发现面皮薄而柔软，看来用的是发面，擀制的也极薄。馅料则肉质紧实，汤汁鲜美，加上清秀柔弱的外表，噢，这一定是江南。

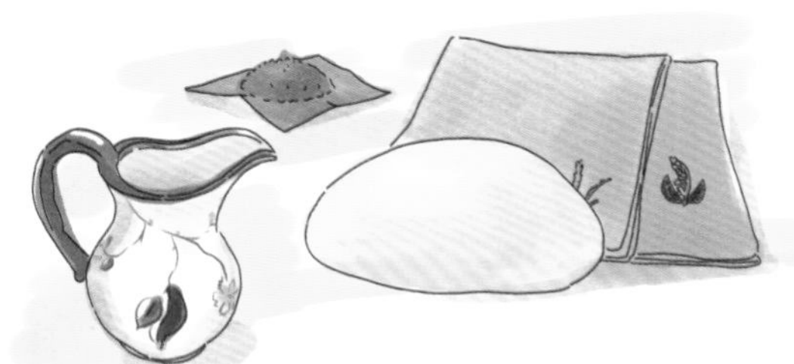

制面

制馅

制作

下锅

月 日
Mon. Tues. Wed. Thur. Fri. Sat. Sun.

月 日
Mon. Tues. Wed. Thur. Fri. Sat. Sun.
W32
Sun. Mon. Tues. Wed. Thur. Fri. Sat.
04 05 06 07 08 09 10

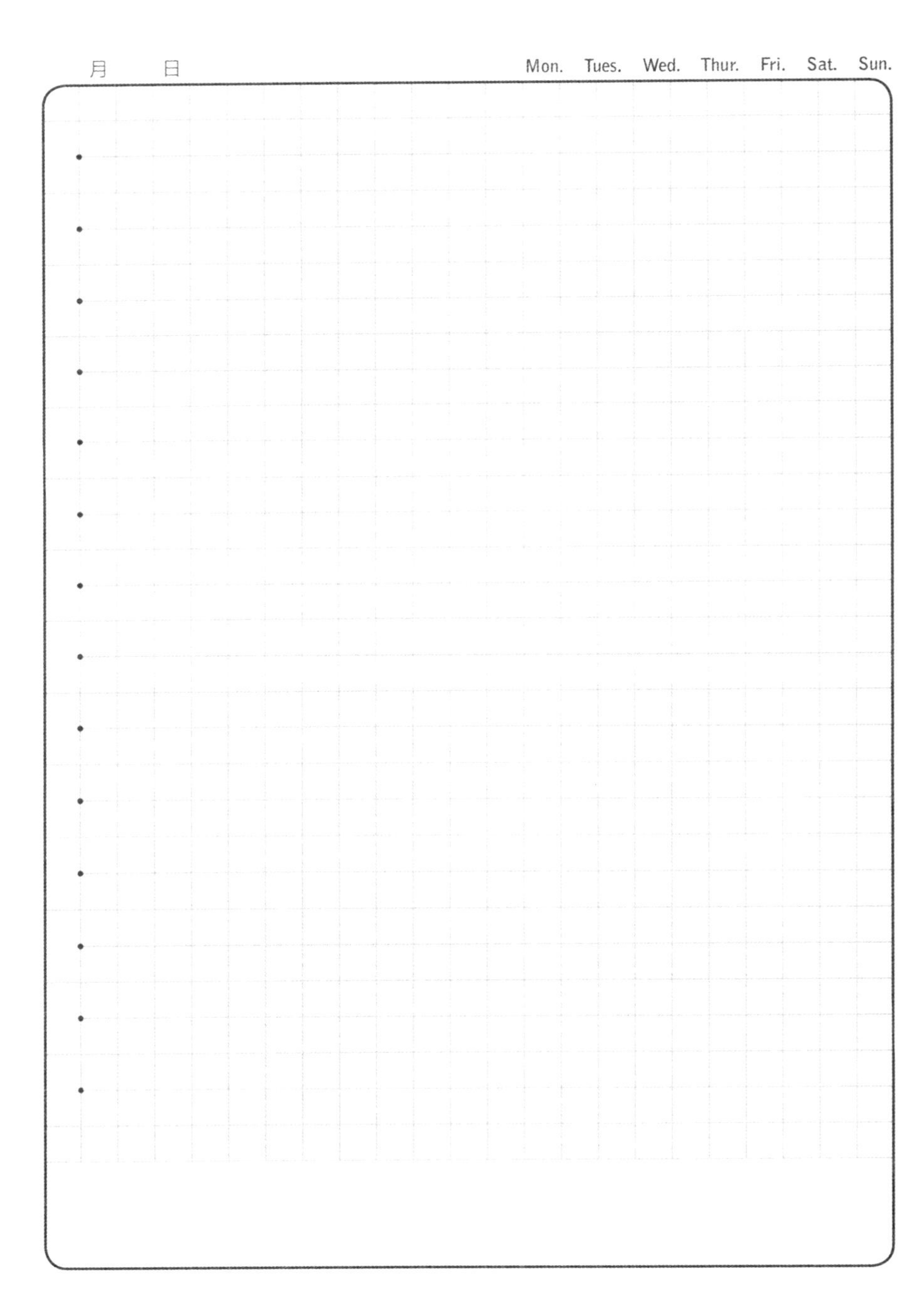

月 日
Mon. Tues. Wed. Thur. Fri. Sat. Sun.

月　日　　Mon.　Tues.　Wed.　Thur.　Fri.　Sat.　Sun.

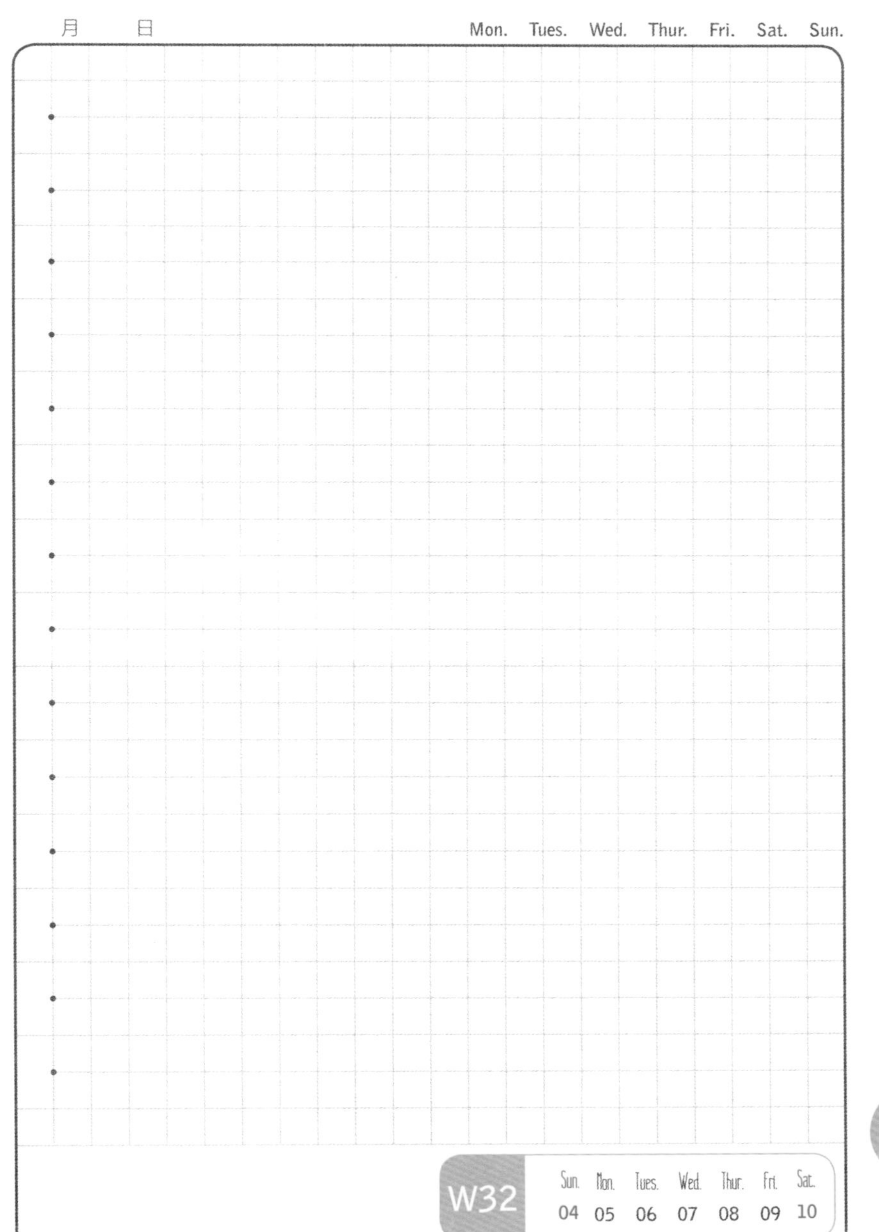

W32	Sun.	Mon.	Tues.	Wed.	Thur.	Fri.	Sat.
	04	05	06	07	08	09	10

休对故人思旧里，
且将残火试清茶。

月　　日　　Mon.　Tues.　Wed.　Thur.　Fri.　Sat.　Sun.

月　　　日　　　Mon.　Tues.　Wed.　Thur.　Fri.　Sat.　Sun

月 日

Mon. Tues. Wed. Thur. Fri. Sat. Sun.

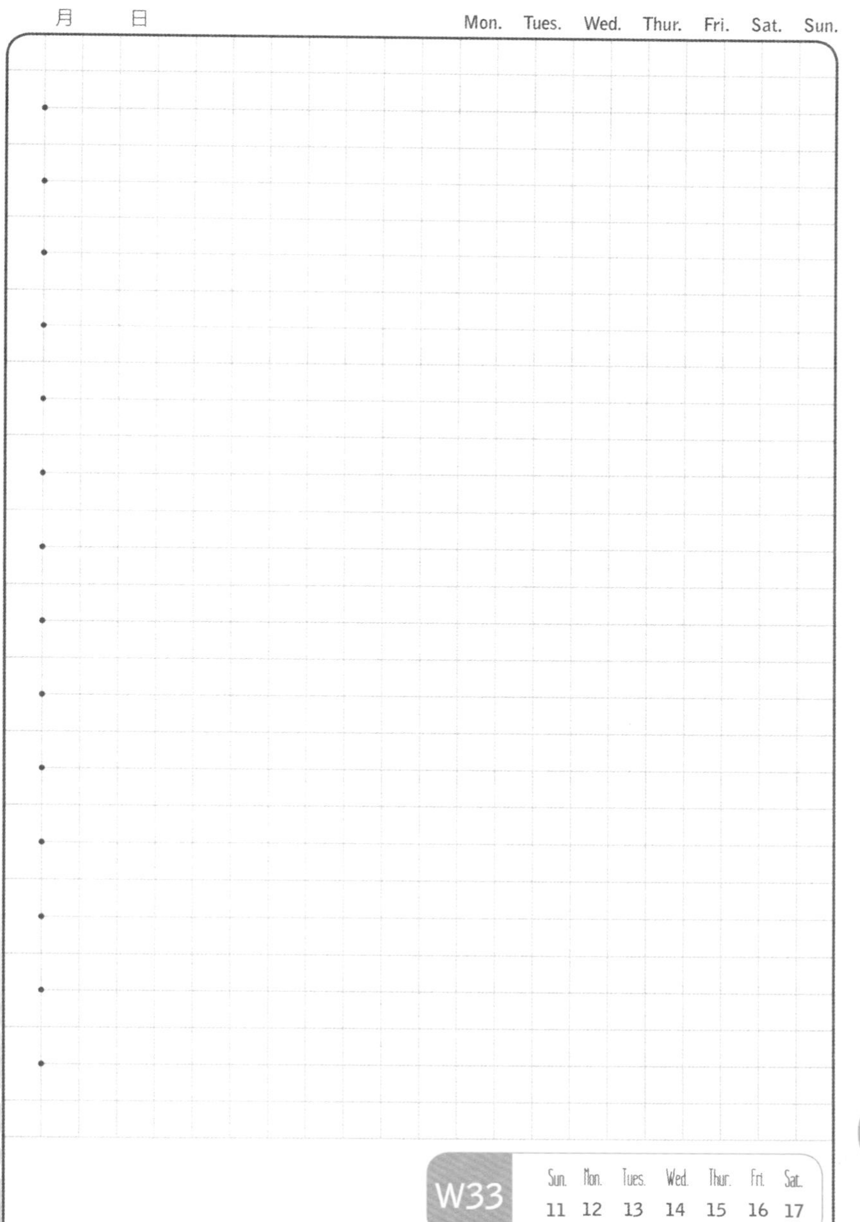

做鸭

话说纯正的 Rouen 长得是很正点的，但是……

“要把我闷死？……”

“是为了吃你的时候能看到赏心悦目的粉红色啊。”

“粉红色……”

“这是做鸭的基本要求。”

记得吗，要做鸭的你。粉红色是基本要求。

首先，你想多了，鸭子不是你想做就能做的。做个菜想什么做鸭？入正题。我说的是法国血鸭，鸭子烤至 3-4 成后将腿和胸切下来，再去鸭皮，你会看到鸭肉因未完全烤熟而呈现出粉红色，并且完全不含肥膏，这就是做鸭的极致了！

接下来的事情比较血腥，鸭架、鸭皮和其他碎肉要全部放进纯银压鸭器，转动舵盘，将新鲜鸭血榨出后，撇去浮面的鸭油。接下来以鸭肝、鸭血、鸭汁、干邑、柠檬汁、盐和胡椒等来煮一个沙司，这个过程须不断搅拌，然后加入鸭血和小块牛油拌匀即成。最后，将这个沙司淋在鸭胸肉上就可以吃啦！

吃血鸭要去巴黎的银塔餐厅，血鸭传统的食谱就来自这儿，至今已有 400 多年历史。至于鸭子，必须要选择来自卢瓦尔河区的走地雄鸭，这种鸭的味道介乎海鸭与陆地鸭之间，肉质瘦而乾，少有肥膏。另外除了需要有懂得制作血鸭的大厨外，那部纯银榨鸭机也不是每个餐厅都能拥有的。

Canard De Sang

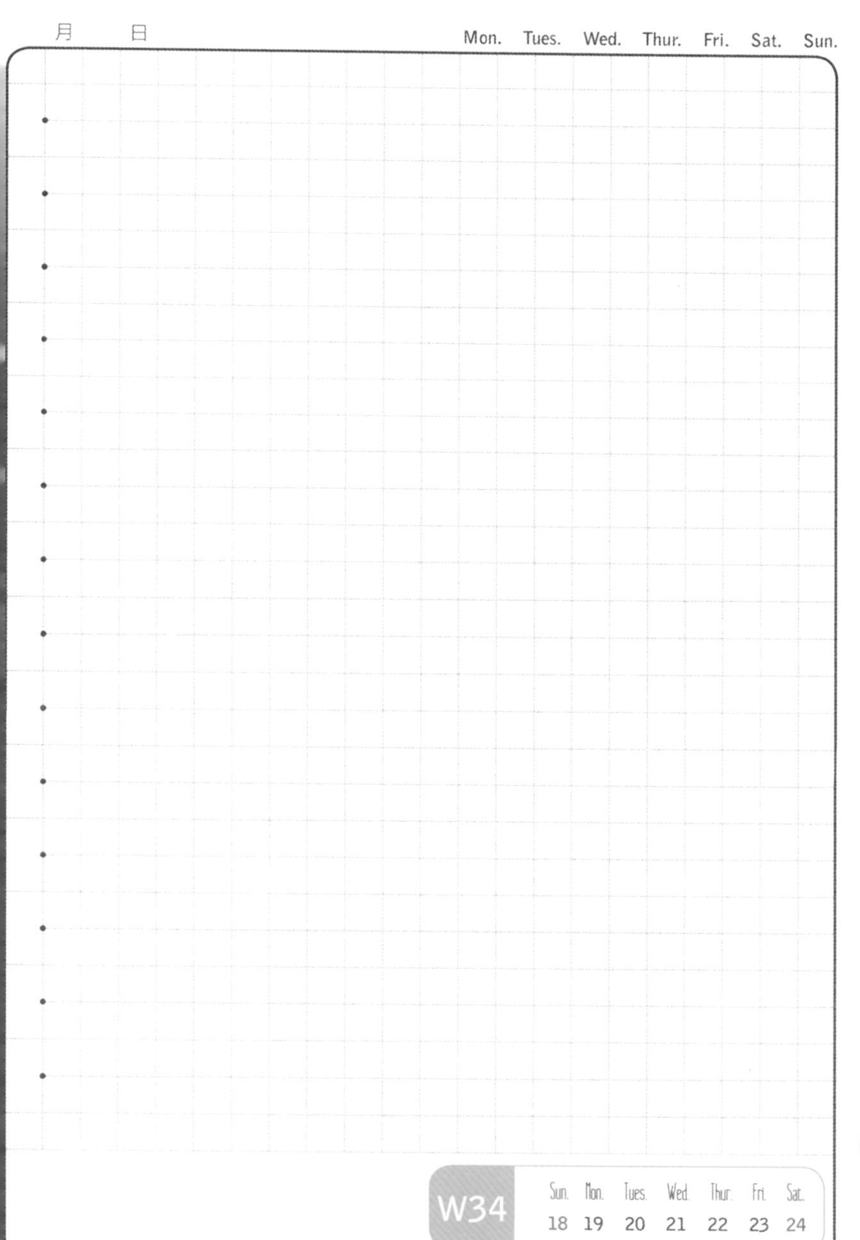
月 日
Mon. Tues. Wed. Thur. Fri. Sat. Sun.
W34
Sun. Mon. Tues. Wed. Thur. Fri. Sat.
18 19 20 21 22 23 24

月　　日　　Mon.　Tues.　Wed.　Thur.　Fri.　Sat.　Sun.

•

•

•

•

•

•

•

•

•

•

•

•

•

•

月 日 Mon. Tues. Wed. Thur. Fri. Sat. Sun.

W34

Sun.	Mon.	Tues.	Wed.	Thur.	Fri.	Sat.
18	19	20	21	22	23	24

龙井虾仁

龙井虾仁，成菜虾仁洁白细嫩，茶叶碧绿清香，杭帮菜代表之一。

取西湖中的个头大小相仿的河虾，掀起脑壳外皮，轻轻挤出嫩滑的虾肉，去除泥腥线后以清水反复冲洗至洁白，再以盐、花雕酒入味腌制片刻，待用。另需明前龙井，为茶中上品，也是制作这道菜的关键。

将入味过的虾仁加入蛋清，轻轻搅拌，待到汁液滑稠时加入适量淀粉即可滑油。在这里需要说明的是，正宗的做法乃是以猪油来完成，是担心此菜太过清淡，以此增香？

只需四成油温，河虾入油片刻即捞起控油。锅里留少许油，下入小葱煸出香味后取出，随即下入河虾，点入少量盐、花雕，再将泡制好茶叶连茶带水倒入，待汁水收到浓稠即可出锅。

这道菜是典型的「荤中素」，若是拿来宴请宾客，足可见主人家的修养与内涵。品尝此菜时也不可如东坡肉、叫花鸡一般大口而食，夹一个虾仁，细细品尝，待滑嫩、清香、散淡的滋味在口中散开时，自可摇头晃脑，美不胜收了。

泡茶

滑油

入味

月 日
Mon. Tues. Wed. Thur. Fri. Sat. Sun.

月 日
Mon. Tues. Wed. Thur. Fri. Sat. Sun.
W35
Sun. Mon. Tues. Wed. Thur. Fri. Sat.
25 26 27 28 29 30 31

月 日
Mon. Tues. Wed. Thur. Fri. Sat. Sun.

月
日
Mon. Tues. Wed. Thur. Fri. Sat. Sun.
W35
Sun. Mon. Tues. Wed. Thur. Fri. Sat.
25 26 27 28 29 30 31

08

SUN.	MON.	TUE.
初三 01	初四 02	初五 03
白露 08	十一 09	教师节 10
十七 15	十八 16	十九 17
廿四 22	秋分 23	廿六 24
九月 29	初二 30	

WED.	THU.	FRI.	SAT.
初六 04	初七 05	初八 06	初九 07
十三 11	十四 12	中秋节 13	十六 14
二十 18	廿一 19	廿二 20	廿三 21
廿七 25	廿八 26	廿九 27	三十 28

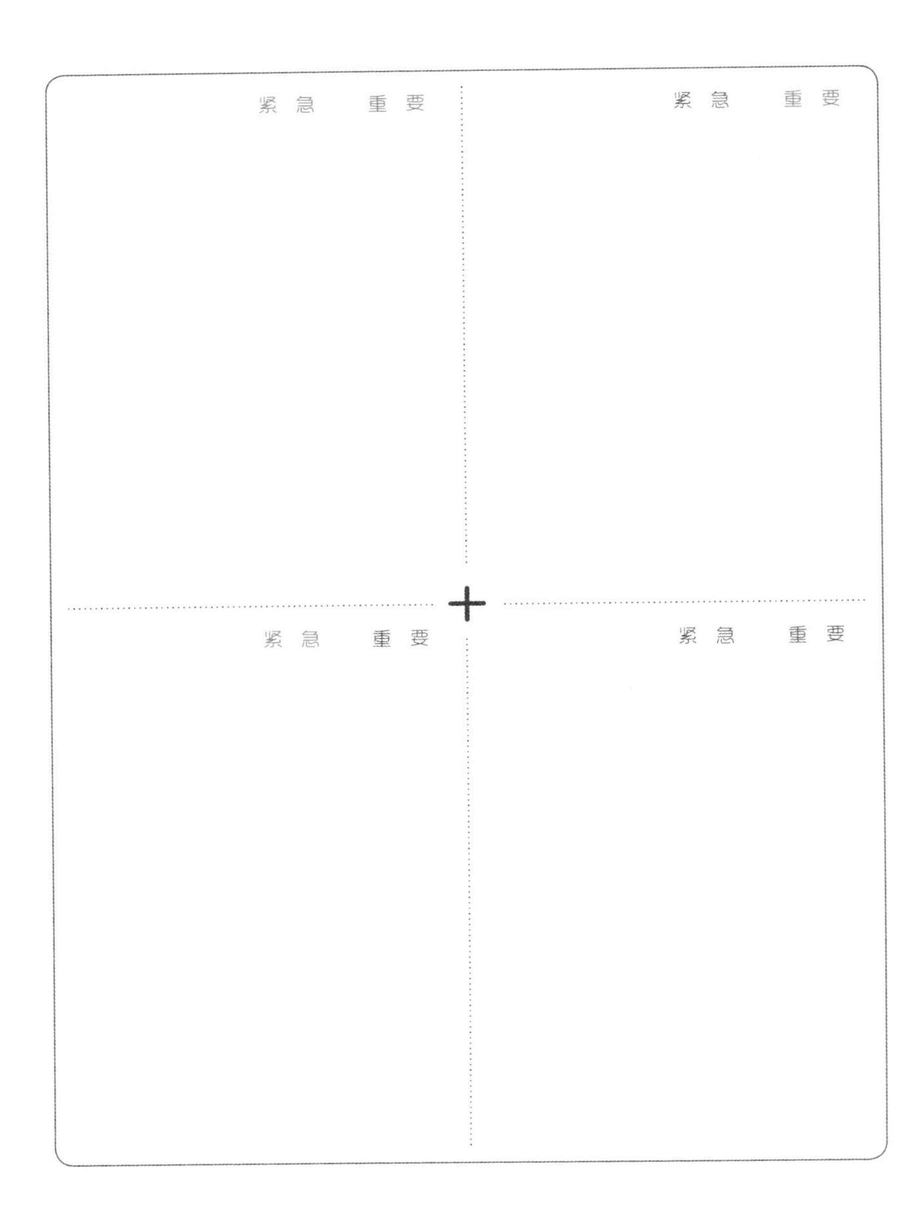

紧急　重要
紧急　重要
紧急　重要
紧急　重要

月　　日　　Mon.　Tues.　Wed.　Thur.　Fri.　Sat.　Sun.

W36	Sun.	Mon.	Tues.	Wed.	Thur.	Fri.	Sat.
	01	02	03	04	05	06	07

西湖醋鱼

杭帮菜中有一名菜，叫做西湖醋鱼，此菜以新鲜散养草鱼为主料，烹调时不用一滴油，成菜口味酸甜，鱼肉鲜嫩却无泥腥之气，体现了杭帮菜的特点：轻油、轻浆、清淡。

西湖水是淡水，所产鱼虾均为“湖鲜”，湖鲜自带一股泥腥气，烹饪时若处理不好是无法食用的。这道菜选用的草鱼为湖边散养，大小匀称，一斤半左右，厨子在制作前将鱼饿养两天，使其吐尽肚内泥沙，也是去腥方法之一。

鲜鱼活杀，第一刀由鱼尾切入，沿鱼骨将整片鱼肉切下，谓之“雌片”，带骨的另一片自然谓之“雄片”。接下来在雄片上每隔两指左右切一刀，共切五刀，唯第三刀要将其斩断；将雌片反转，使其鱼皮紧挨砧板，沿鱼背处再划一刀，此刀切记划伤鱼皮，为第七刀。最后去除两片鱼头中的鱼牙，乃半刀。

这是功夫。

取一口锅，注入没过鱼身的清水，随后滴入几点绍酒，放入两片黄姜，这是为了进一步去腥。随后待水煮沸时小心先下入雄片，随后再下雌片。

关火。

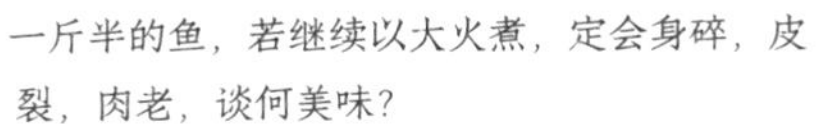

一斤半的鱼，若继续以大火煮，定会身碎，皮裂，肉老，谈何美味？

所以此时以沸水焖鱼，待到以筷子轻扎鱼身可入为好。

将雌雄两片盛出，以背脊相碰的姿势摆盘。

锅内留些许鱼汤，以老抽、绍

酒、米醋、白糖小火熬制，待气泡冒出时缓缓加入水淀粉调稠，均匀浇遍鱼身，随后撒上姜末即可。

看这道菜，浇汁浓厚而明亮，隐约见到的鱼肉嫩白异常，想必是沸水焖鱼的功效。夹一口鱼肉入嘴，鲜滑无比，却无半点泥腥之气，滋味先酸后甜，应了那个传说中的嫂嫂寄予小叔的期望。

古人说欲把西湖比西子，我看着醋鱼也如西子，只是这位西子，大些便拙，小些便酸，长些便老，厚些便腻，这个样子，刚刚好，刚刚好。

月　　日　　Mon.　Tues.　Wed.　Thur.　Fri.　Sat.　Sun

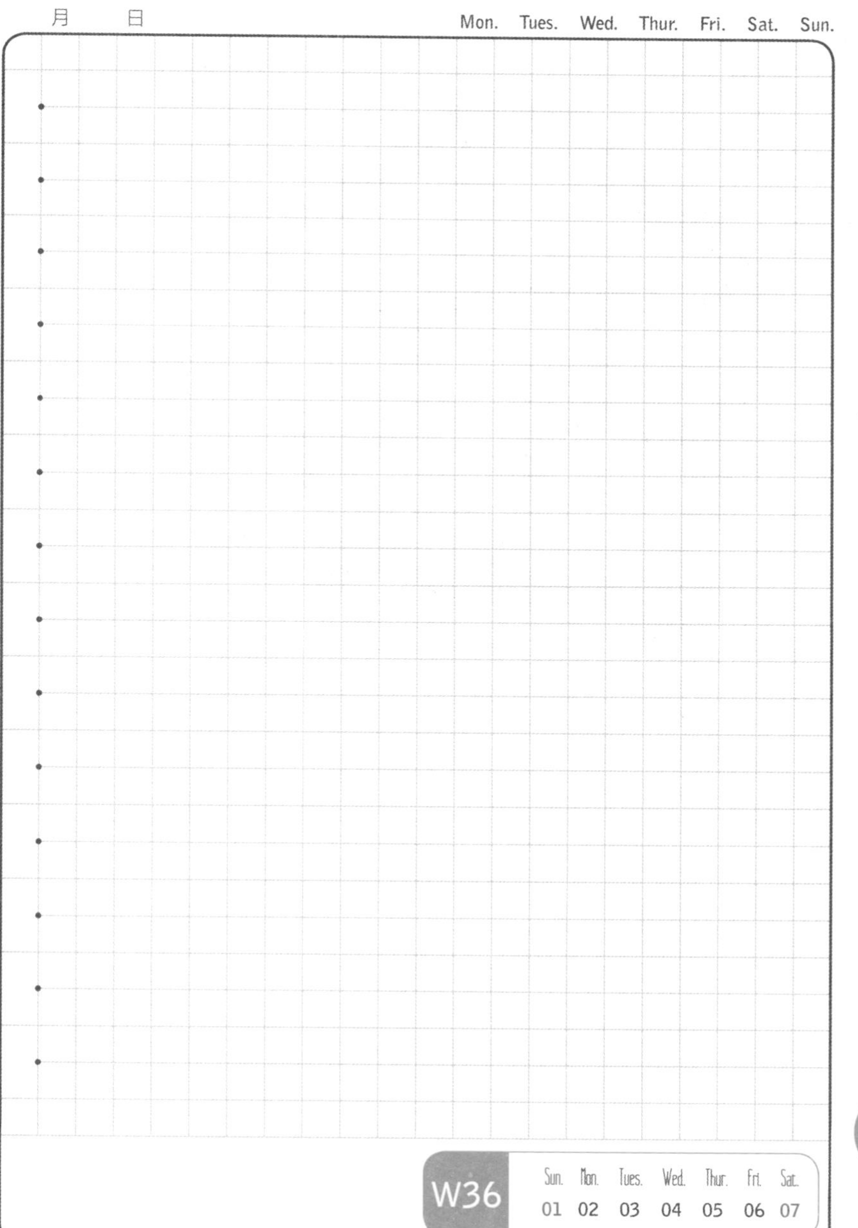
月 日
Mon. Tues. Wed. Thur. Fri. Sat. Sun.
W36
Sun. Mon. Tues. Wed. Thur. Fri. Sat.
01 02 03 04 05 06 07

点点心意

中秋节是要吃月饼的，近些年也有人调侃地把这个节日称做「月饼节」，倒是有些可爱。

月饼按分类被划给了点心。在古代中国，点心不单指烘焙糕点，它泛指一切正餐前的精美小食，具有繁杂的品种和口味。相传东晋时期一位将军见战士们浴血沙场甚为感动，便传令制作糕饼，送往前线犒劳军士并表达自己的「点点心意」，才有了点心的叫法。

中式点心里，我独爱京式糕点，其特点是重油、轻糖、酥松、绵软。京八件、红白月饼、萨其马等均是其代表。

月　　日　　Mon.　Tues.　Wed.　Thur.　Fri.　Sat.　Sun.

W37	Sun.	Mon.	Tues.	Wed.	Thur.	Fri.	Sat.
	08	09	10	11	12	13	14

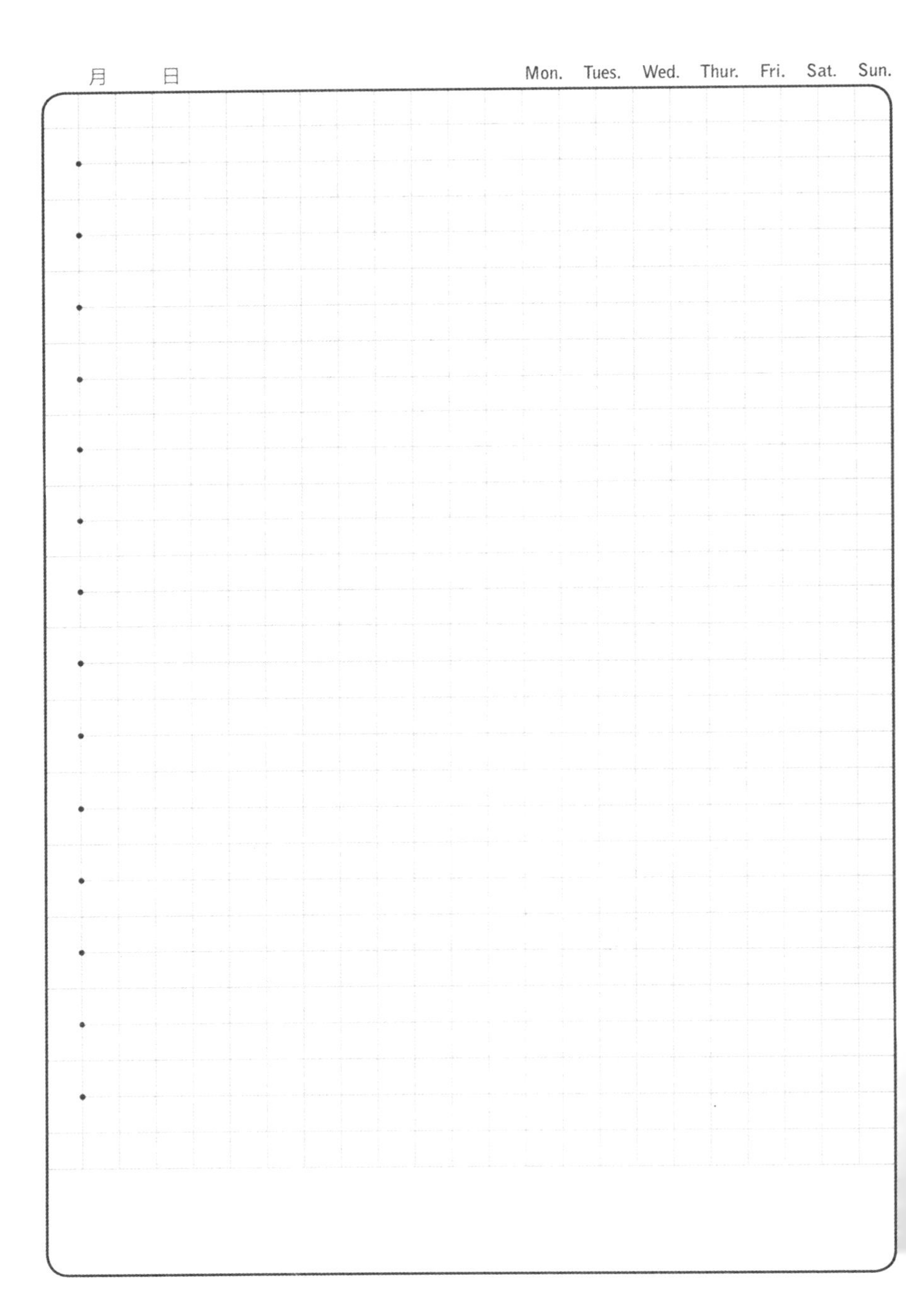
月 日
Mon. Tues. Wed. Thur. Fri. Sat. Sun.

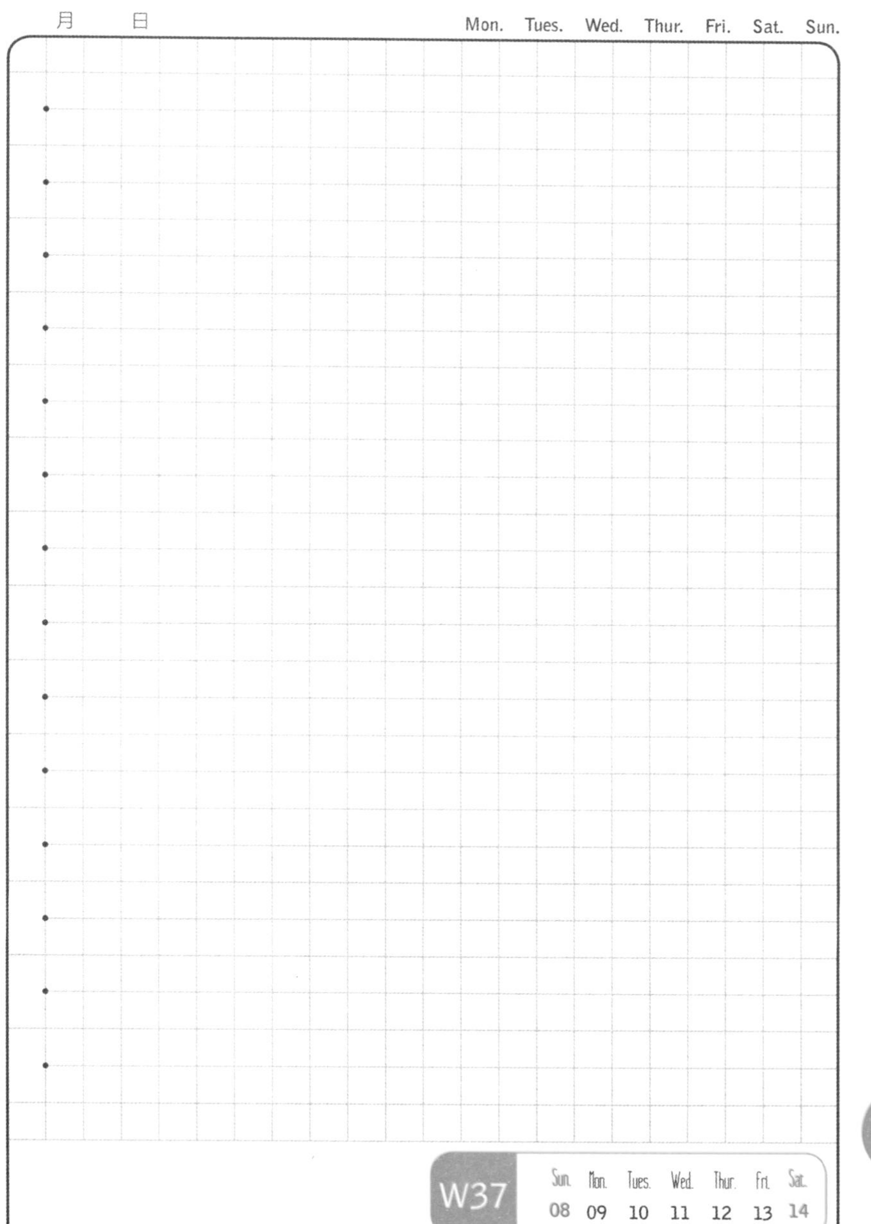
月 日
Mon. Tues. Wed. Thur. Fri. Sat. Sun.
W37
Sun. Mon. Tues. Wed. Thur. Fri. Sat.
08 09 10 11 12 13 14

心底的爱

泡芙（puff）据说是一场政治联姻的附属品，同是为和平而生的食物，让人想到了满汉全席。

泡芙的制作过程非常简单，将空心面包注入奶油后即是泡芙。然而面团在烤箱膨起的状态和是否松脆却需要甜品师付出长久的练习，厚实饱满是内馅的基本要求，口味的不断变幻则是甜品师终生的追求了。

奶油和蛋糕恋爱有了奶油蛋糕，失恋的面包把对奶油的爱深深埋进心底，便有了泡芙。

月 日
Mon. Tues. Wed. Thur. Fri. Sat. Sun.
W38
Sun. Mon. Tues. Wed. Thur. Fri. Sat.
15 16 17 18 19 20 21

月 日
Mon. Tues. Wed. Thur. Fri. Sat. Sun.

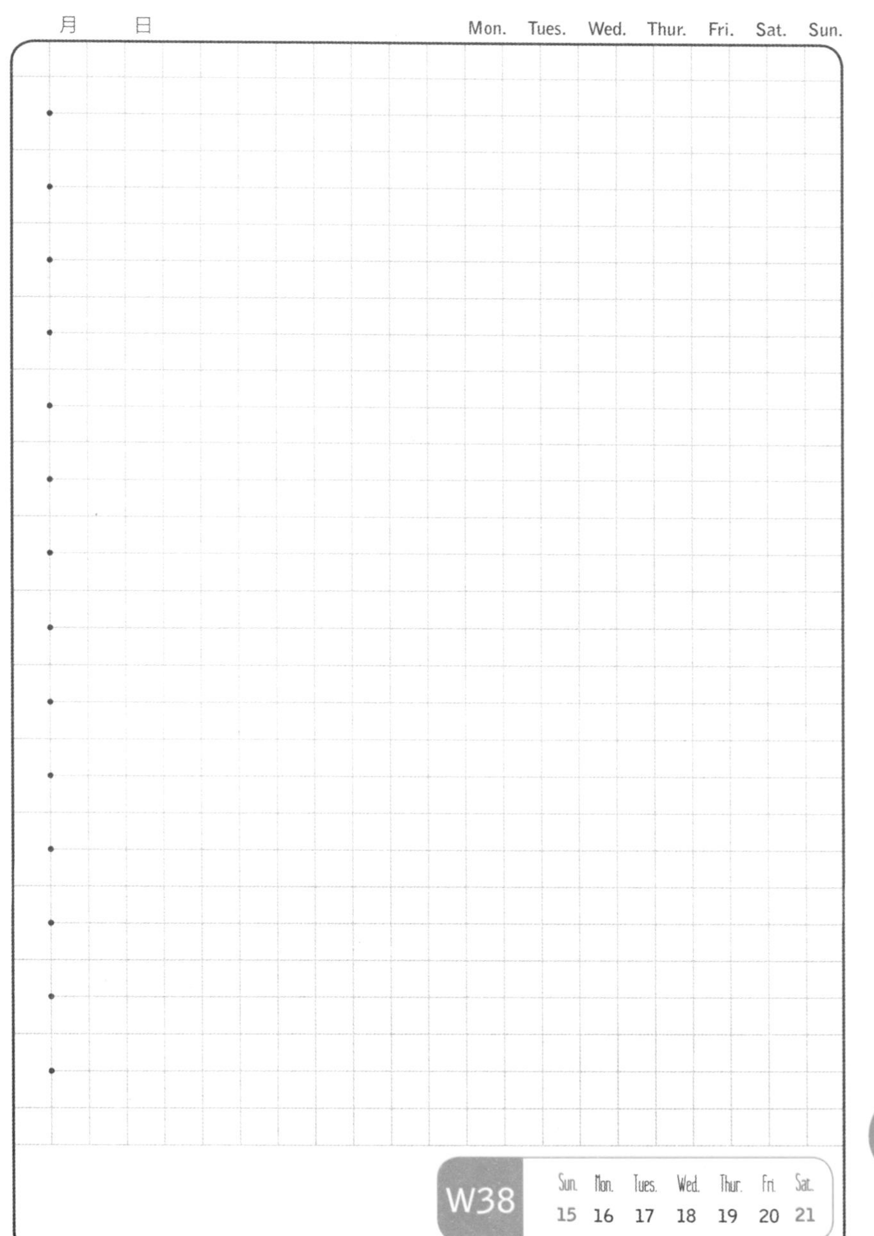
月 日
Mon. Tues. Wed. Thur. Fri. Sat. Sun.
W38
Sun. Mon. Tues. Wed. Thur. Fri. Sat.
15 16 17 18 19 20 21

东坡肉

我好肉，尤其是秋分这天，必吃肉，最爱吃的就是南北通杀的红烧肉了。红烧肉最早出自谁手并无定论，但位列杭帮第一菜的「东坡肉」的发明者已毫无悬念地归属了大文豪苏东坡，名声极响。

相传苏东坡因得罪上级惨遭下放，此人无心反思，却带领当地百姓大搞土木建设，苏堤建成后百姓安居乐业，为表感激之情，老百姓杀猪宰猪送至苏府，主人推辞不过，遂令家厨按自己平日煮肉的方法将猪肉做熟返还百姓。他使用的方法，正是「红烧」，但东坡肉在制作中除了烧又多了一步蒸，成菜更软糯而不腻。

东坡肉是不是苏东坡发明的还真不好考究，但这首《食猪肉》却真是出自他手：黄州好猪肉，价贱如粪土，富者不肯吃，贫者不解煮。慢著火，少著水，火候足时它自美。每日早来打一碗，饱得自家君莫管。

备料

净肉

铺底

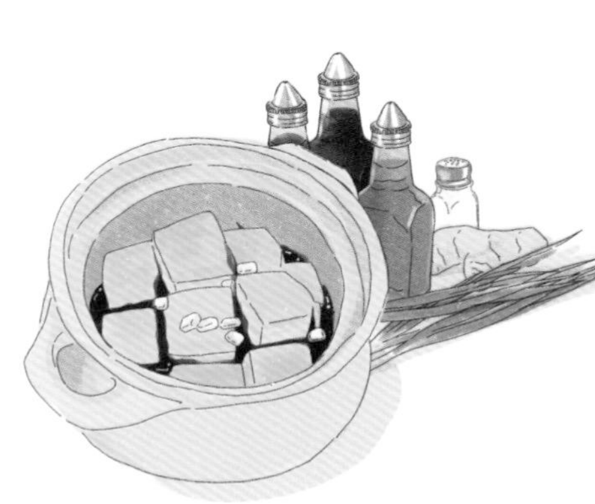

调味

蒸煮

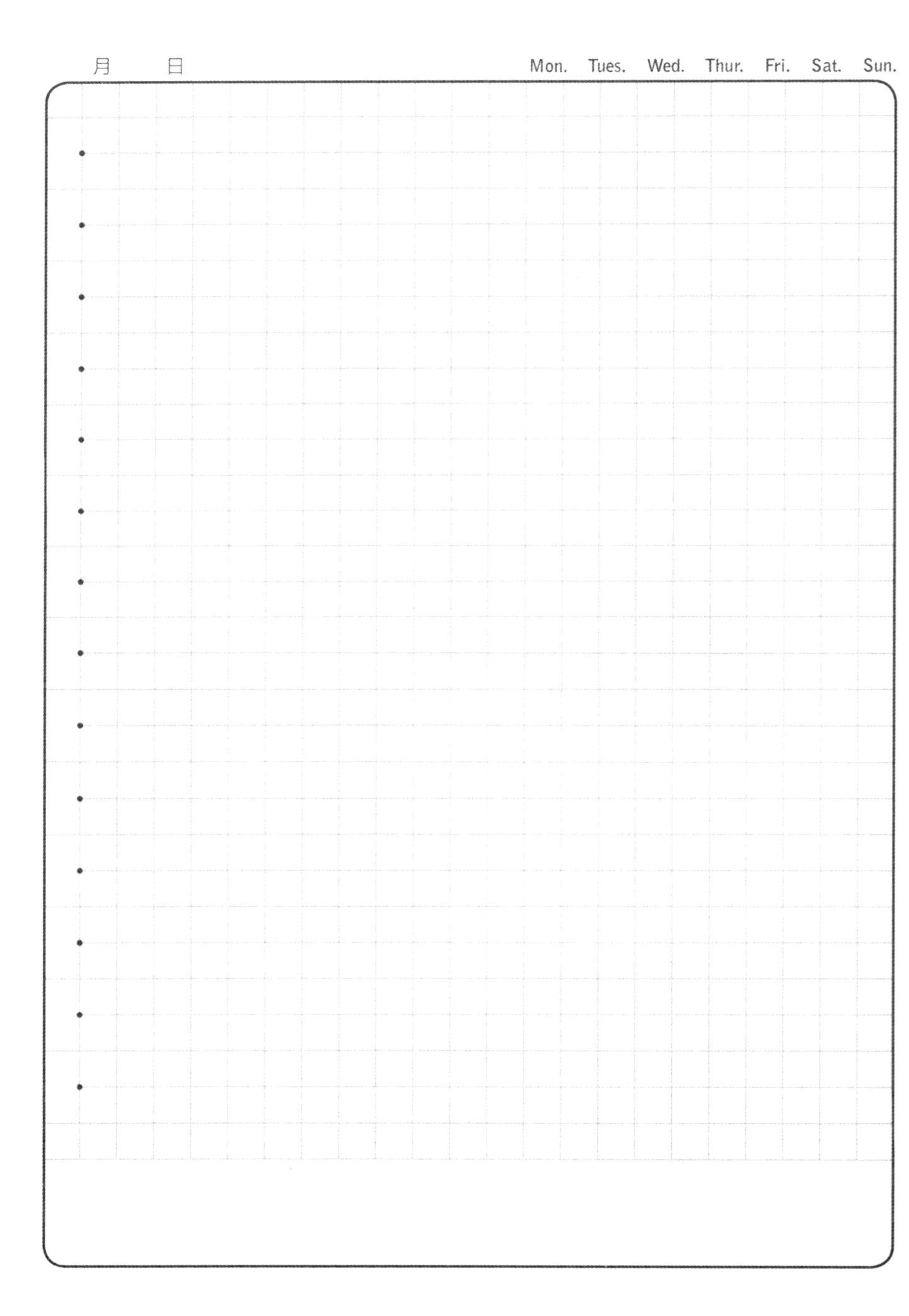
月　日
Mon.　Tues.　Wed.　Thur.　Fri.　Sat.　Sun.

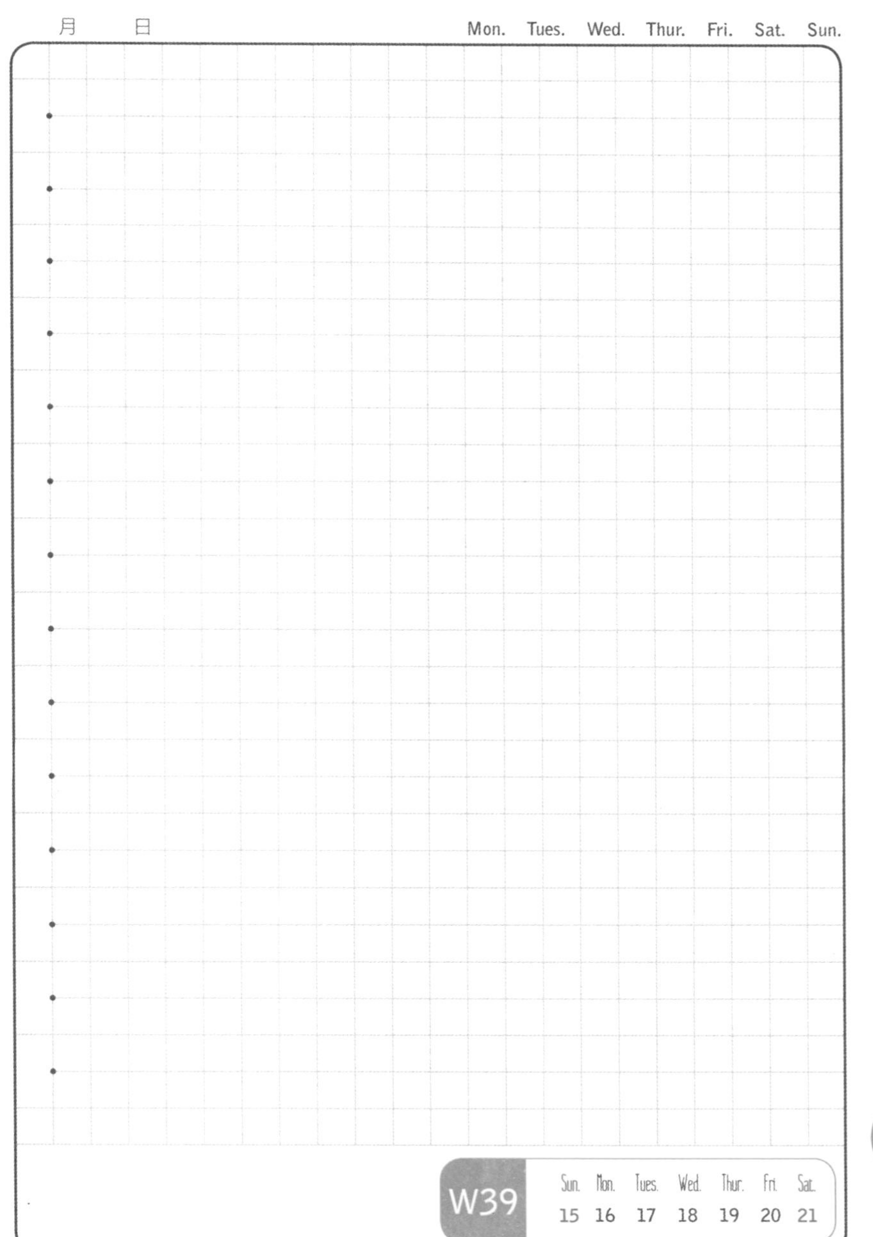
月 日
Mon. Tues. Wed. Thur. Fri. Sat. Sun.
W39
Sun. Mon. Tues. Wed. Thur. Fri. Sat.
15 16 17 18 19 20 21

月 日
Mon. Tues. Wed. Thur. Fri. Sat. Sun.

月 日
Mon. Tues. Wed. Thur. Fri. Sat. Sun.
W39
Sun. Mon. Tues. Wed. Thur. Fri. Sat.
22 23 24 25 26 27 28

月 日
Mon. Tues. Wed. Thur. Fri. Sat. Sun.

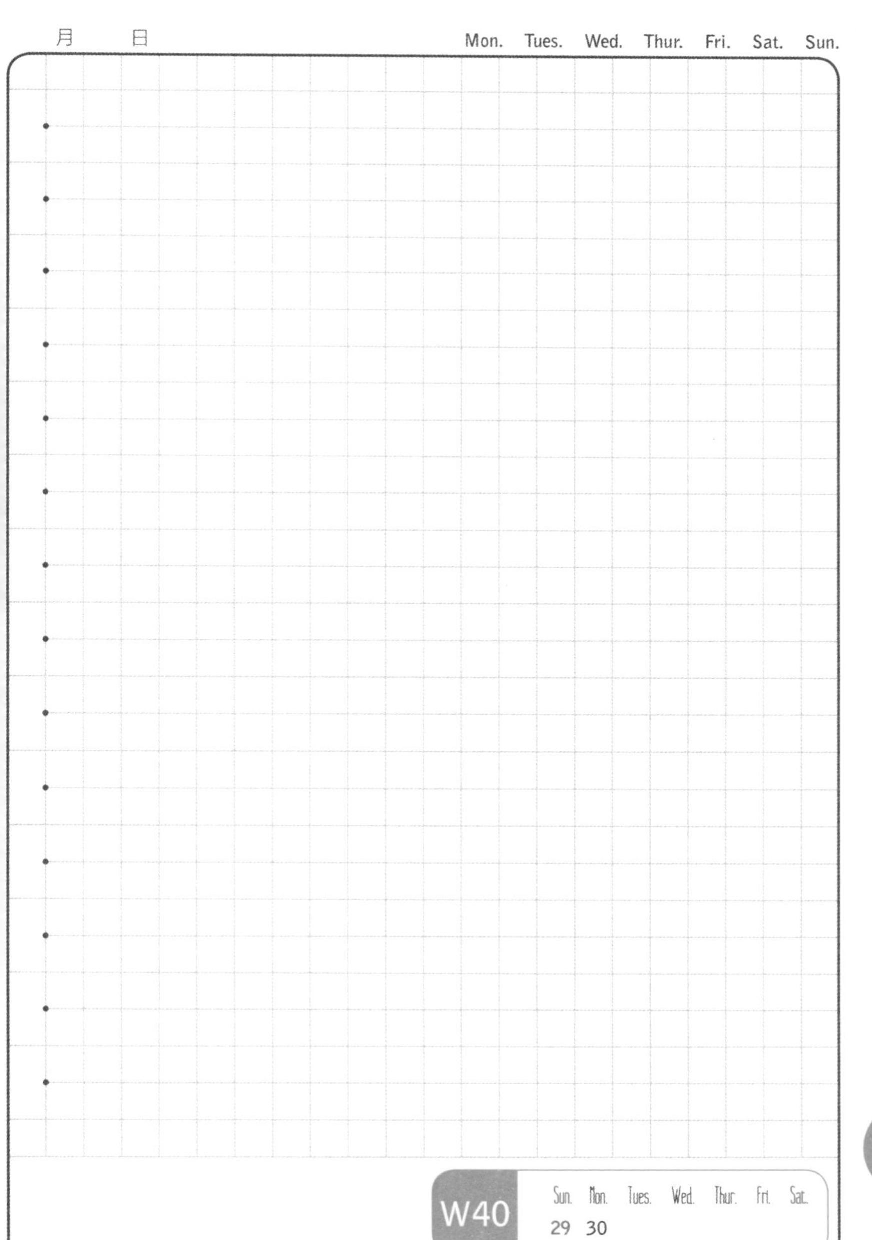
月 日
Mon. Tues. Wed. Thur. Fri. Sat. Sun.
W40
Sun. Mon. Tues. Wed. Thur. Fri. Sat.
29 30

10

OCTOBER

SUN.	MON.	TUE.
		01 国庆节
06 初八	07 重阳节	08 寒露
13 十五	14 十六	15 十七
20 廿二	21 廿三	22 廿四
27 廿九	28 十月	29 初二

WED.	THU.	FRI.	SAT.
初四 02	初五 03	初六 04	初七 05
十一 09	十二 10	十三 11	十四 12
十八 16	十九 17	二十 18	廿一 19
廿五 23	霜降 24	廿七 25	廿八 26
初三 30	初四 31		

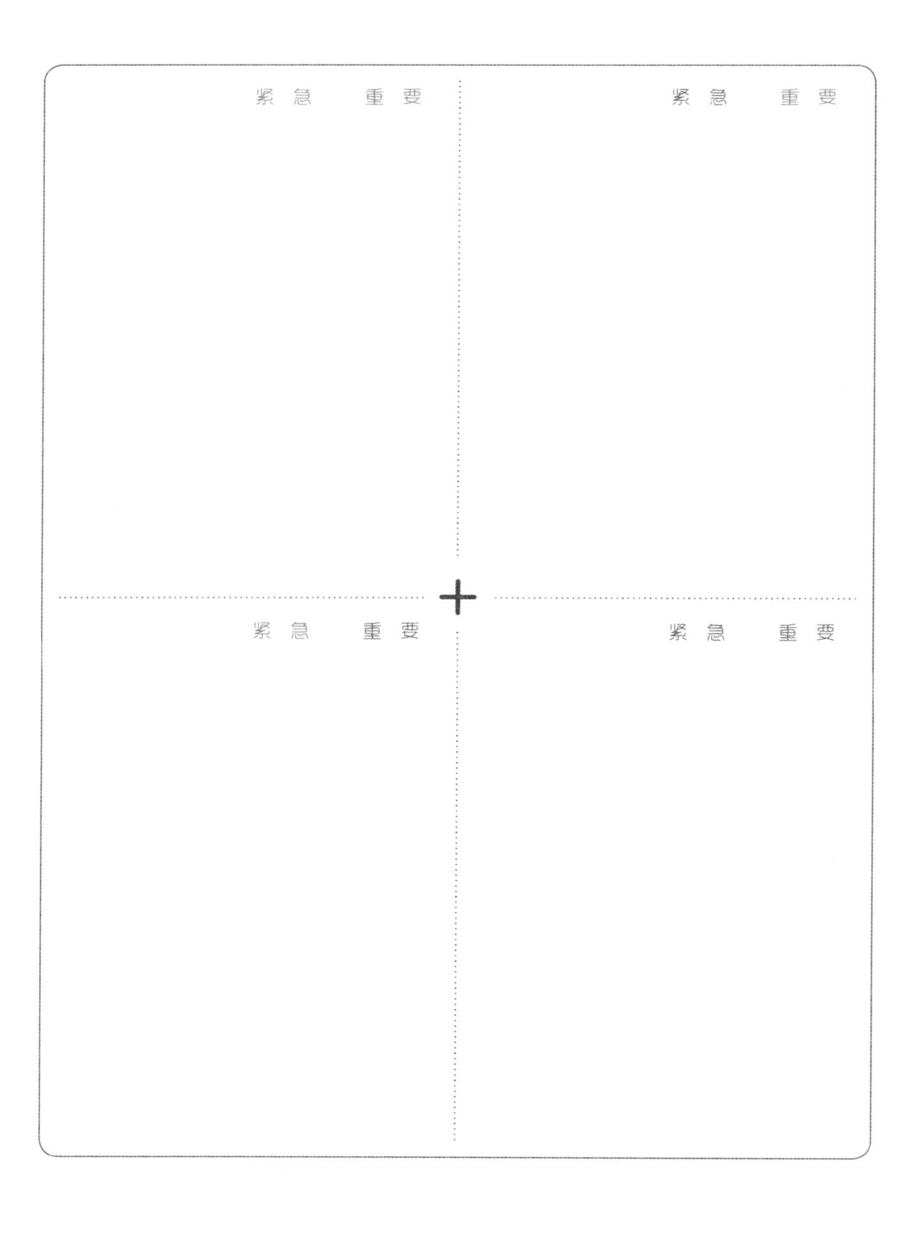
紧急 重要
紧急 重要
紧急 重要
紧急 重要

月　　日　　Mon.　Tues.　Wed.　Thur.　Fri.　Sat.　Sun.

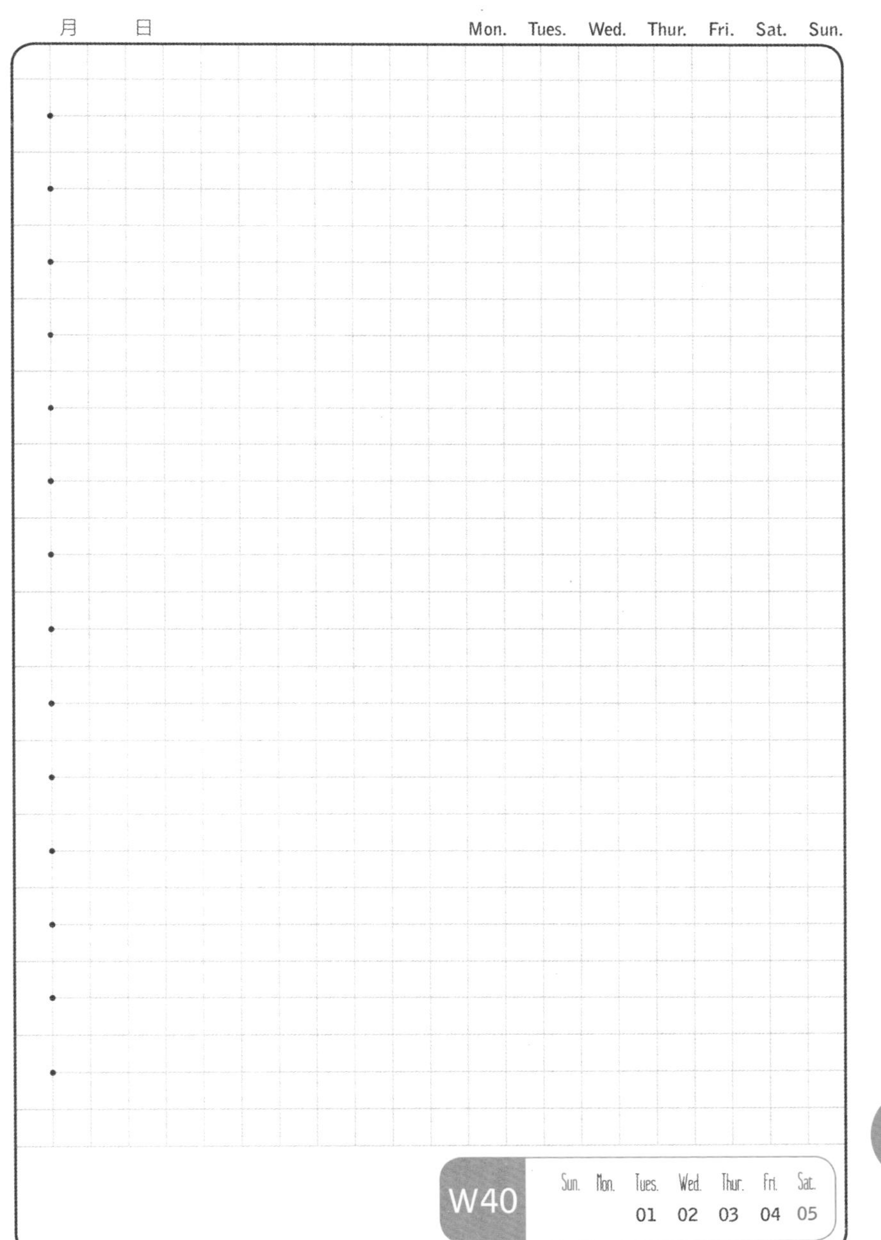

全国吃货大团结

月 日
Mon. Tues. Wed. Thur. Fri. Sat. Sun.

月 日
Mon. Tues. Wed. Thur. Fri. Sat. Sun.
W40
Sun. Mon. Tues. Wed. Thur. Fri. Sat.
01 02 03 04 05

10

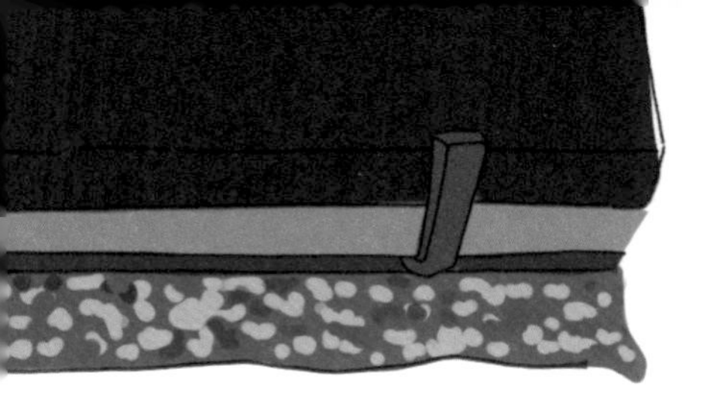

过客

你站在那里，
是那么的特别，
让人禁不住幻想，
拥有你。
却早已忘了，
自己只是，

月 日
Mon. Tues. Wed. Thur. Fri. Sat. Sun.

月　　日　　Mon.　Tues.　Wed.　Thur.　Fri.　Sat.　Sun.

W41	Sun.	Mon.	Tues.	Wed.	Thur.	Fri.	Sat.
	06	07	08	09	10	11	12

月 日
Mon. Tues. Wed. Thur. Fri. Sat. Sun.

月　　日　　Mon.　Tues.　Wed.　Thur.　Fri.　Sat.　Sun.

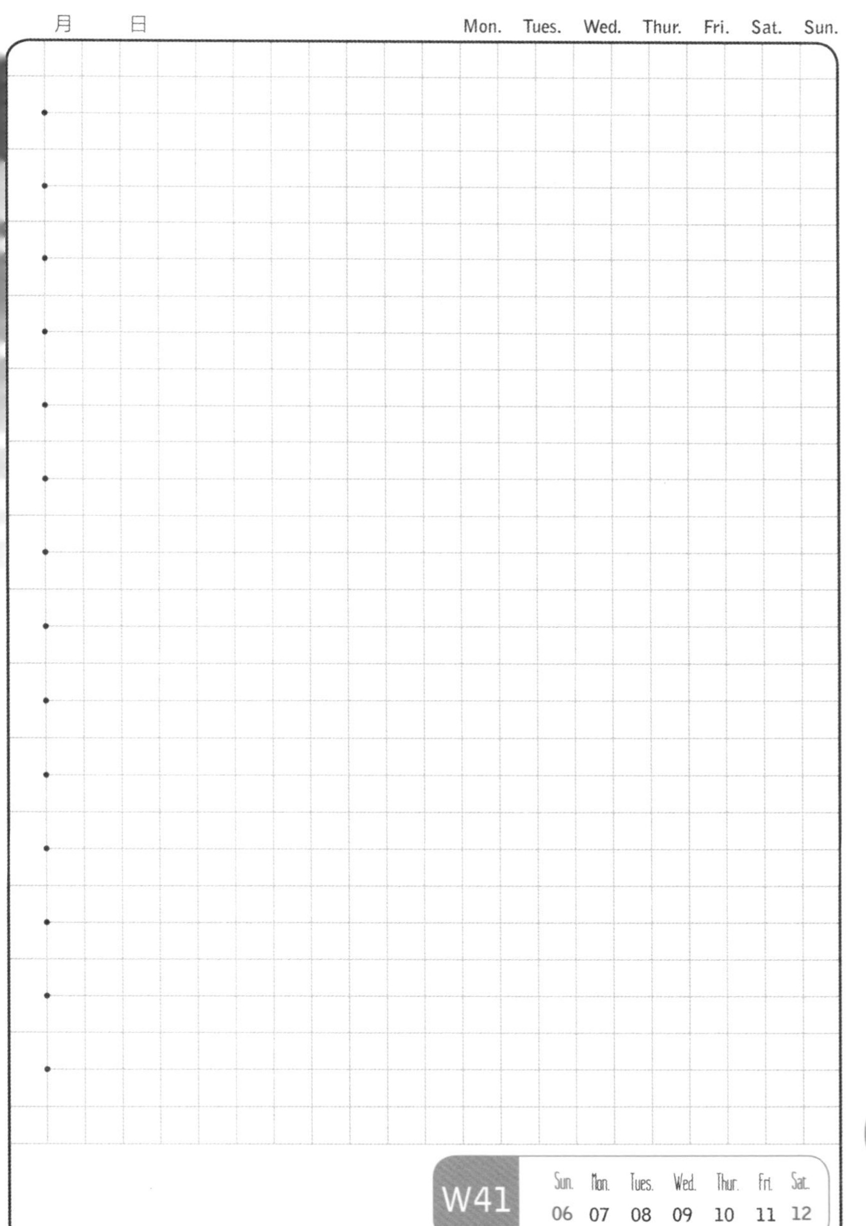

W41

Sun.	Mon.	Tues.	Wed.	Thur.	Fri.	Sat.
06	07	08	09	10	11	12

第42周

善变

原先不吃秋葵，因为不喜欢它的黏汁和无味的口感。

偶然吃了一次烤干的——黏液全无，精彩的入味让它吃起来也没有寡然无味，于是瞬间转变了对秋葵的印象，愿意去研究它了。

秋葵，原产自非洲，有植物伟哥之称，深受讲究养生的日本人推崇。呃……这应该不是我对它转变印象的关键。

秋葵含有的果胶、牛乳聚糖等可帮助消化，治疗胃炎和胃溃疡，保护皮肤和胃黏膜；所含铁、钙及糖类等多种营养成分，可预防贫血；分泌的黏蛋白有保护胃壁的作用，并可促进胃液分泌，提高食欲，改善消化不良等症；所含维生素A则有益于视网膜健康、维护视力。

这样看来，就算你不需要伟哥，吃点秋葵也没什么坏处。对于爱美的女人来说，你们觉得那黏黏的汁液更像什么？

其实是维生C和可溶性纤维，不仅对皮肤有些保健作用，还能使皮肤美白、细嫩。

秋葵好。

真是善变啊。

月　　日　　　　　　　　Mon.　Tues.　Wed.　Thur.　Fri.　Sat.　Sun.

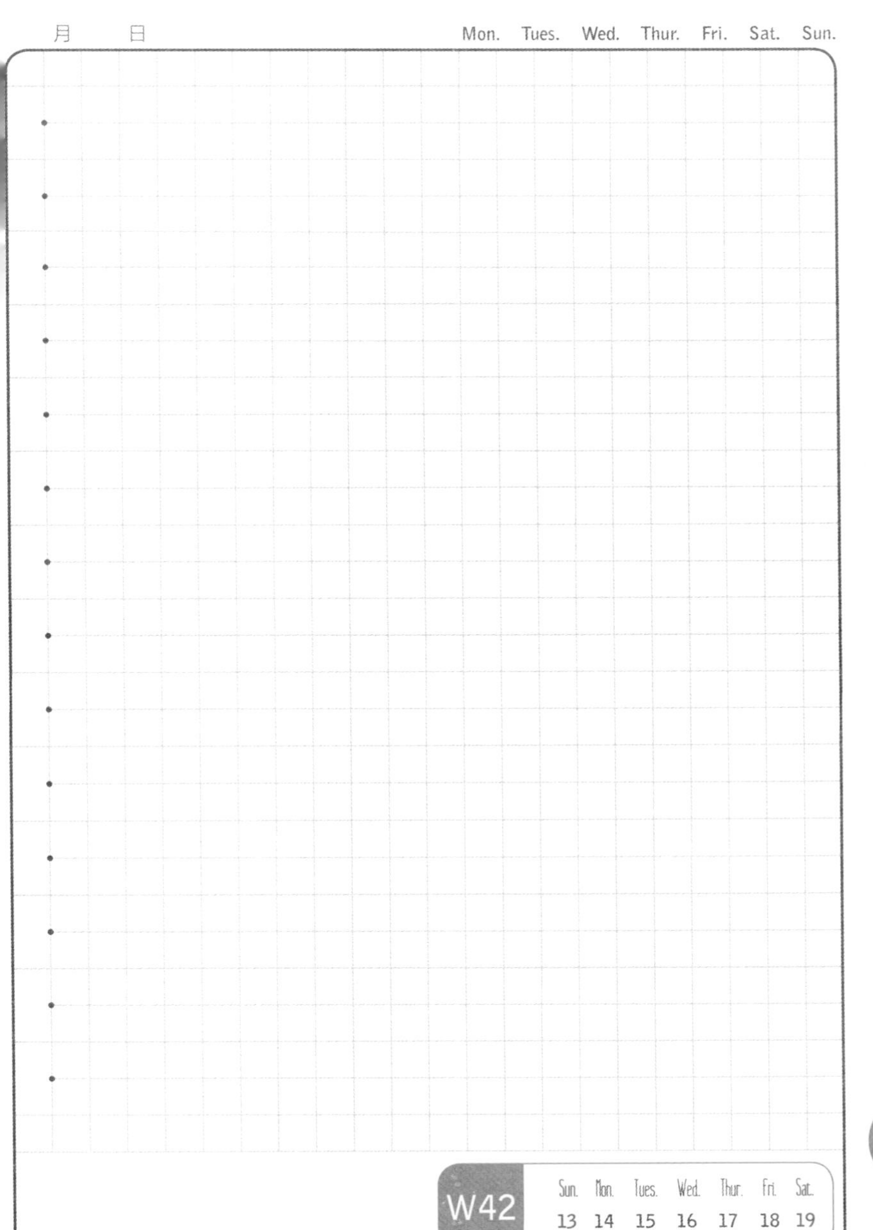

W42

Sun.	Mon.	Tues.	Wed.	Thur.	Fri.	Sat.
13	14	15	16	17	18	19

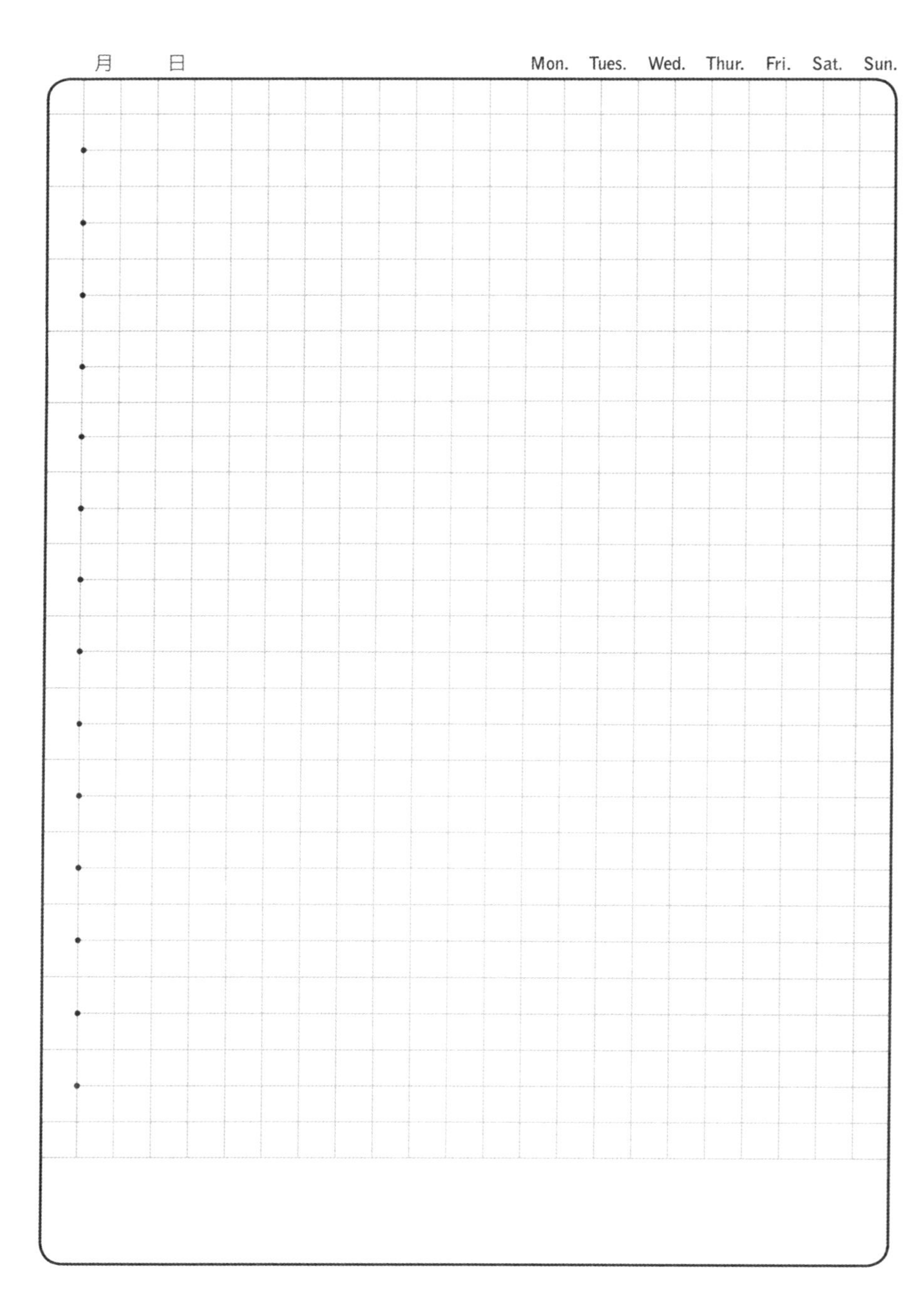
月 日
Mon. Tues. Wed. Thur. Fri. Sat. Sun.

月　　日　　Mon.　Tues.　Wed.　Thur.　Fri.　Sat.　Sun.

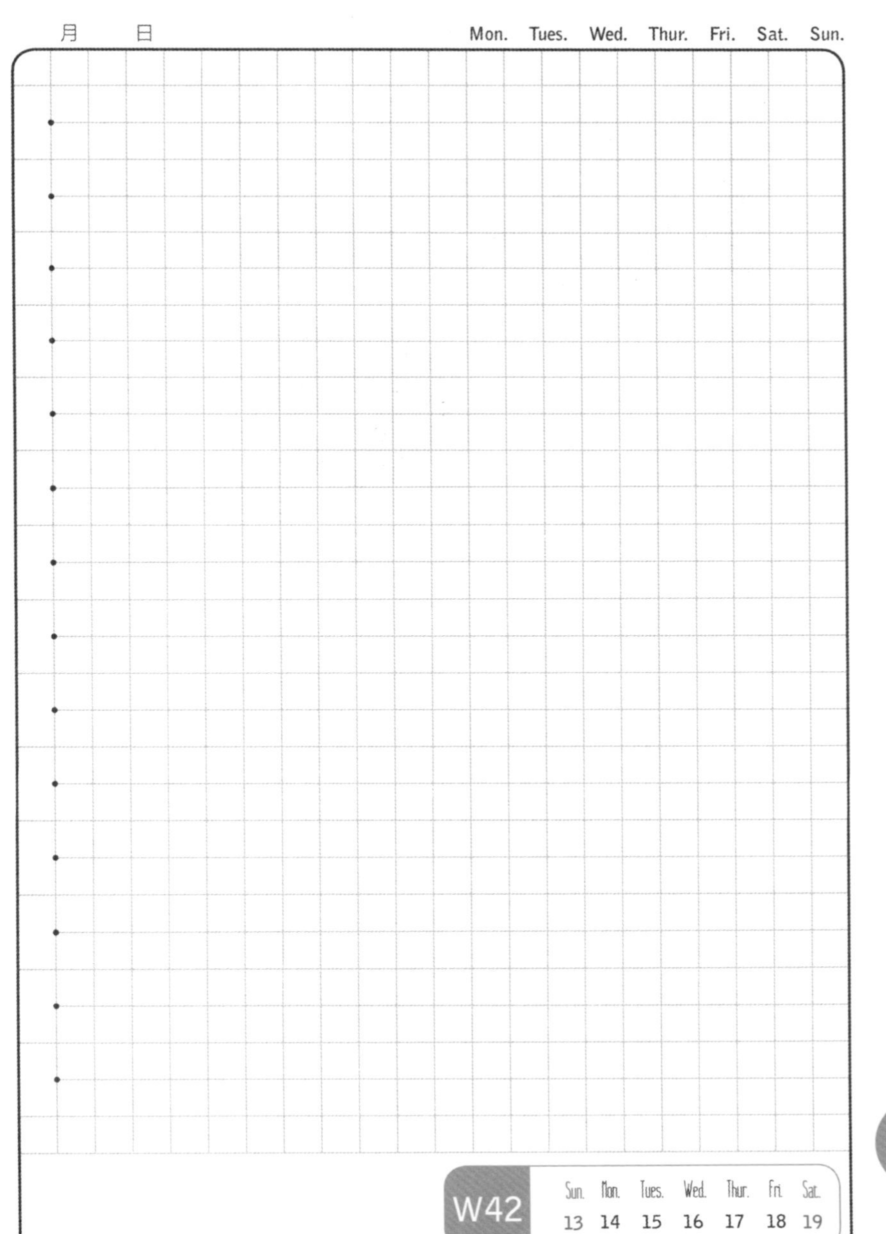

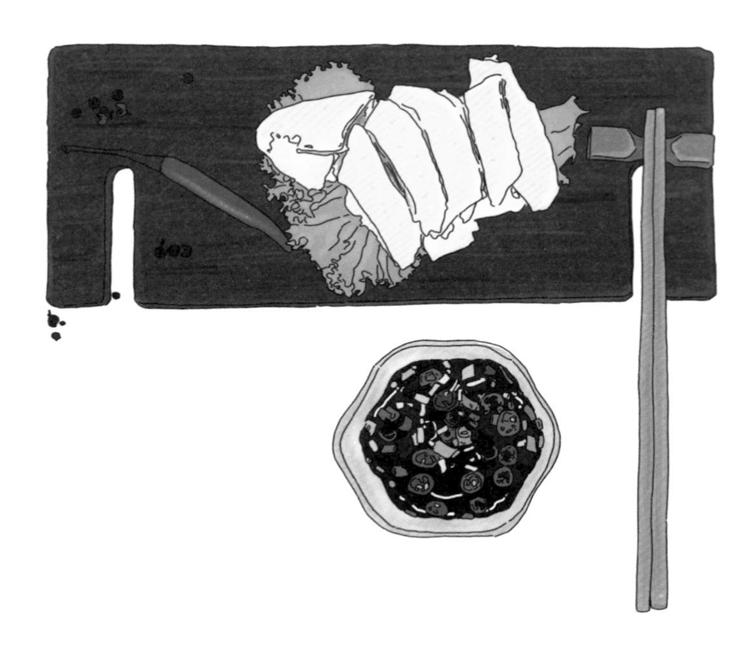

白斩鸡

白斩鸡也可以被叫做白切鸡，不过切比斩少了些滑稽的感觉，尽管白斩鸡这名字并不是被它自己搞滑稽的。

我深深地爱恋着白斩鸡，就像佟掌柜深深地爱慕着白展堂。寻遍各种方子，只为将梦中的白展堂，不是，是白斩鸡做到最好。还好，上苍终于让我找到了这个最合适的方子，它是这样说的……

小公鸡一只宰杀干净，大锅加葱姜黄酒煮水，烧开后放入小公鸡烫五秒钟拿出，置于装满冰块的凉水中五秒。此过程反复三次后，小公鸡已经皮滑肉嫩，令人爱不释手，五内翻腾。但此时请克制住自己的情欲，再次将那可鸡儿扔回鸡汤中大火煮沸，关火，浸它半小时。这就结束了吗，没有，半小时后要将其取出并再次放入装满冰块的凉水中，降温，彻底降温……够彻底了后拿出来，表皮刷花生油晾干斩件才算真正拥有它。

热，冷，热，冷，一如 scrat 抱紧了那枚榛子，失去，再抱紧，再失去。

月 日
Mon. Tues. Wed. Thur. Fri. Sat. Sun.
W43
Sun. Mon. Tues. Wed. Thur. Fri. Sat.
20 21 22 23 24 25 26

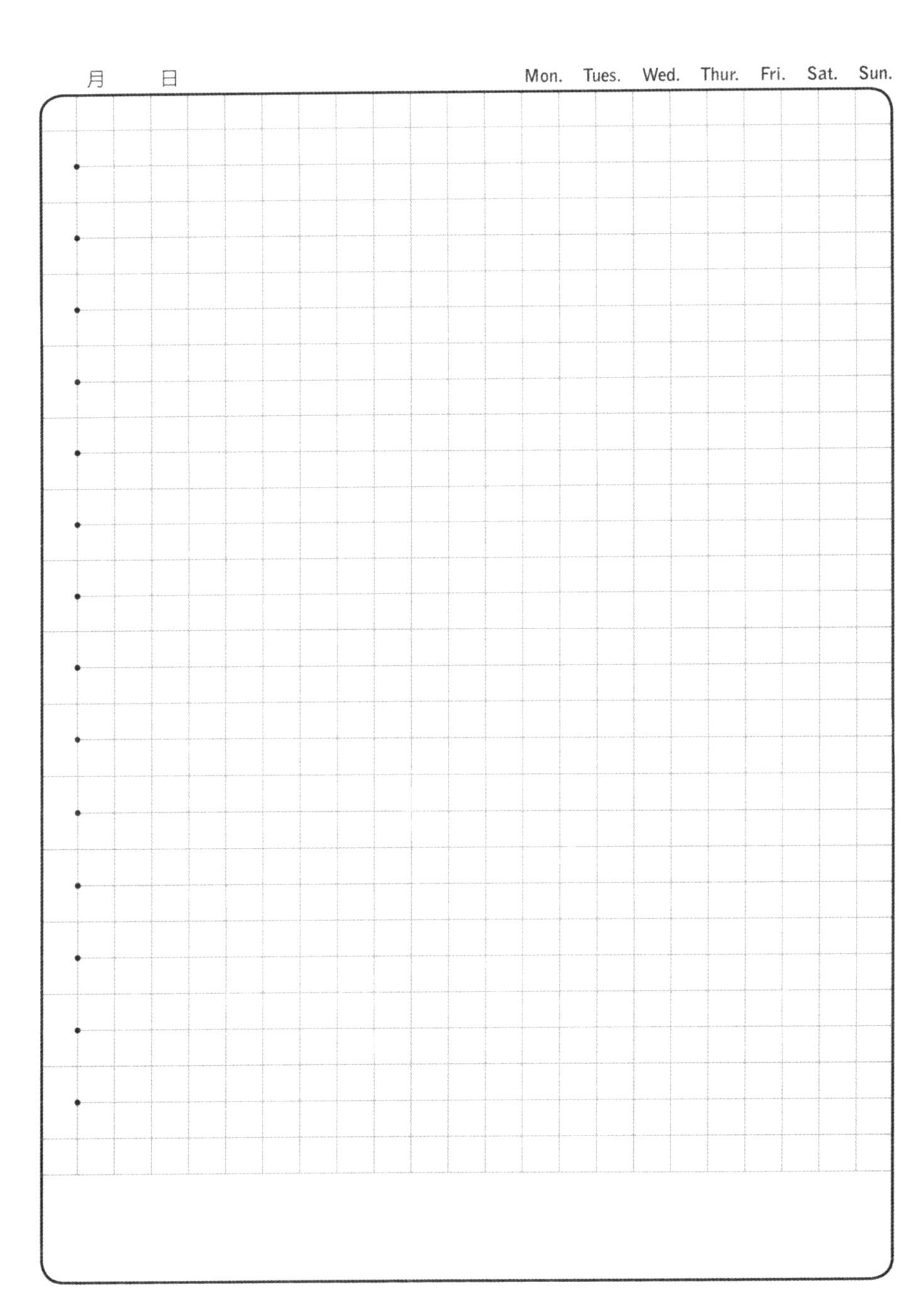

月 日
Mon. Tues. Wed. Thur. Fri. Sat. Sun.

月 日 Mon. Tues. Wed. Thur. Fri. Sat. Sun.

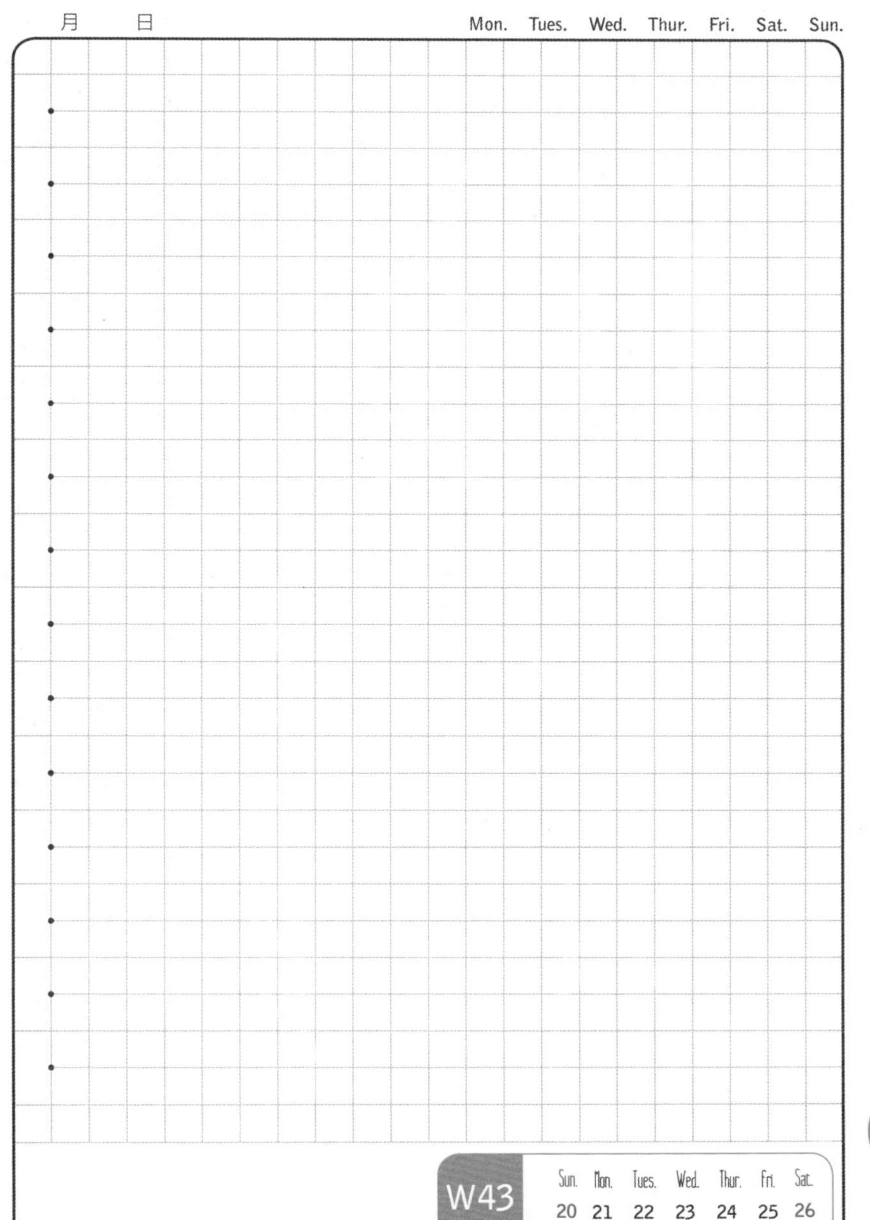

W43

Sun.	Mon.	Tues.	Wed.	Thur.	Fri.	Sat.
20	21	22	23	24	25	26

第44周

自在

你记不记得，
我们去这儿，
两次。
第一次，
留声机里唱，
自己卖花自己戴，
爱恨多无奈；
第二次，
你说，
自己买花自己戴，
爱恨多

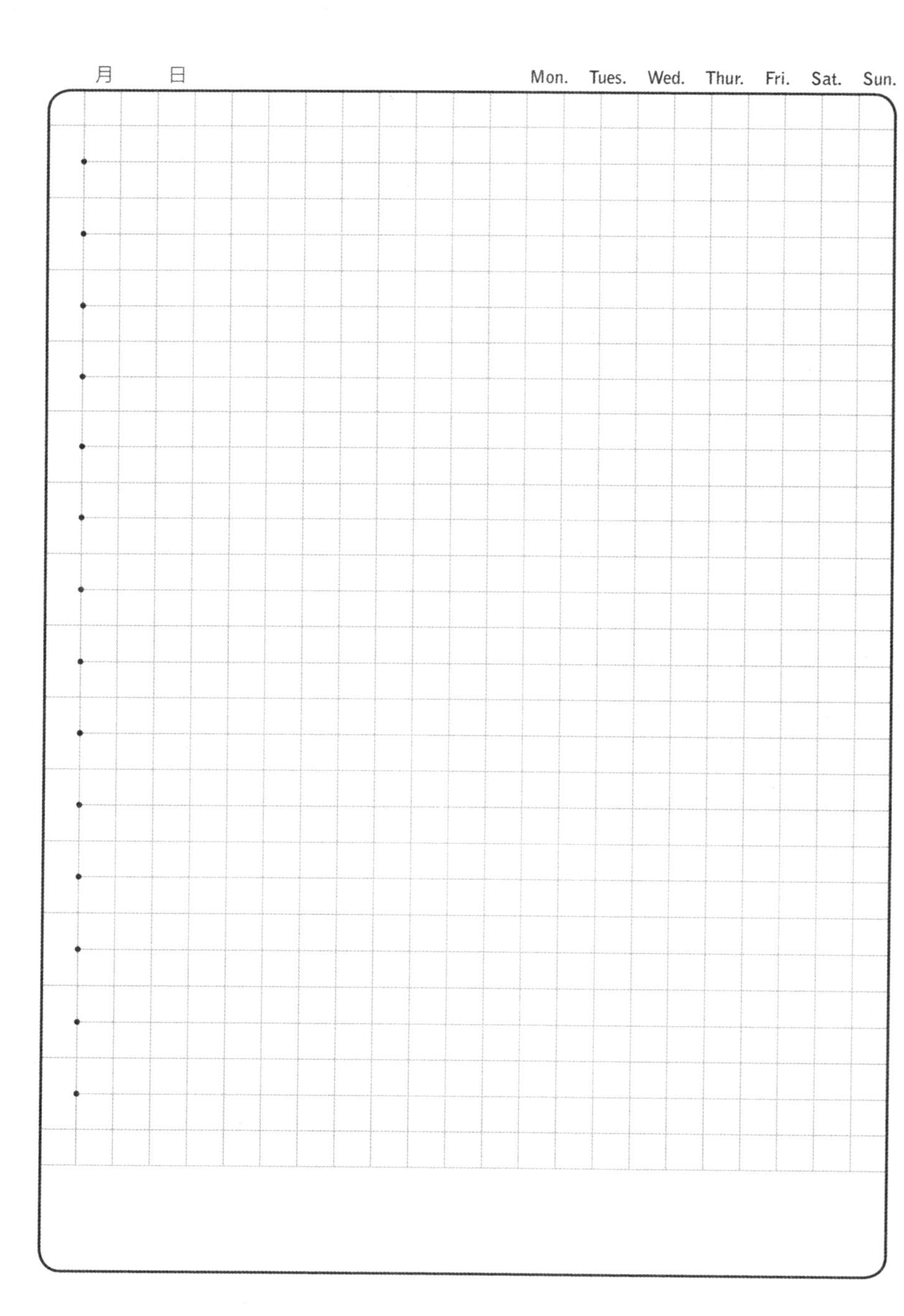

月　日
Mon.
Tues.
Wed.
Thur.
Fri.
Sat.
Sun.

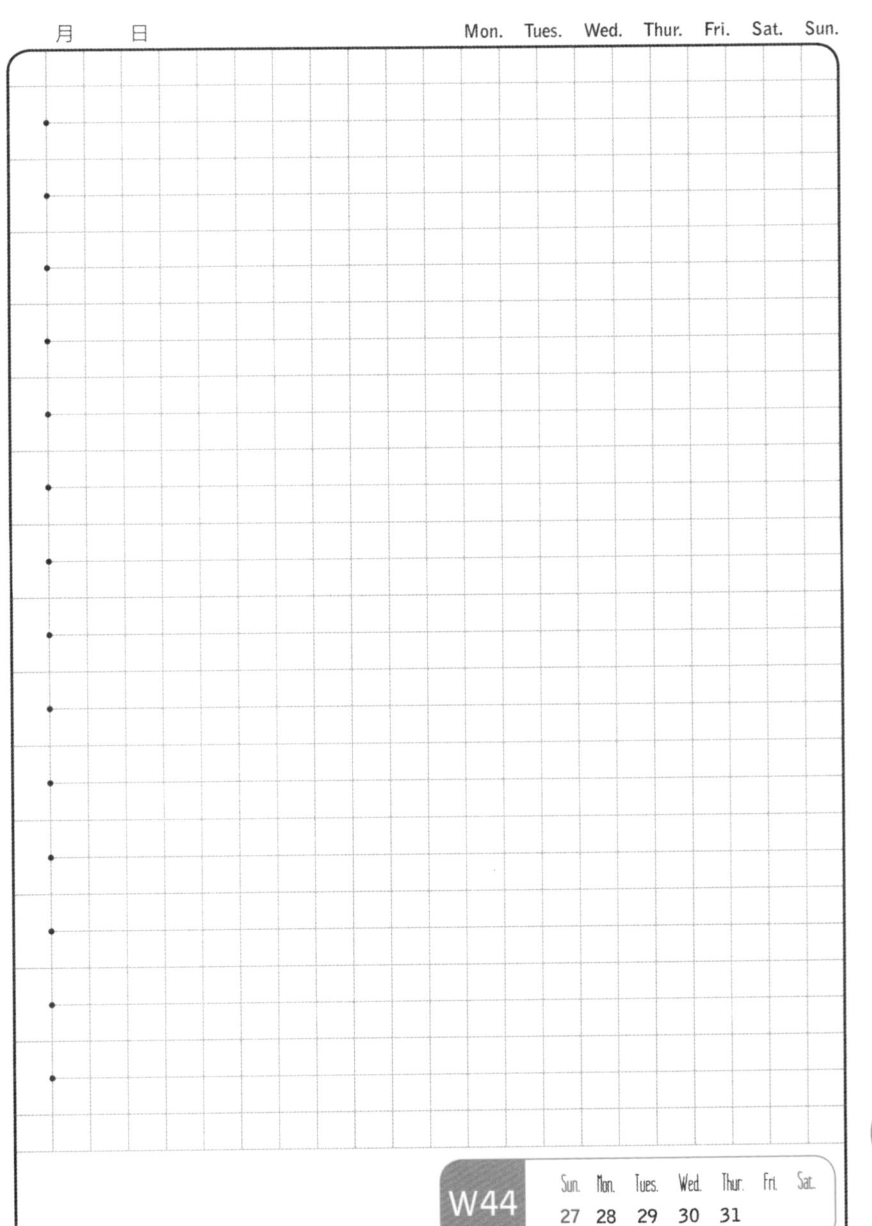
月 日
Mon. Tues. Wed. Thur. Fri. Sat. Sun.
W44
Sun. Mon. Tues. Wed. Thur. Fri. Sat.
27 28 29 30 31

SUN.	MON.	TUE.
初七 03	初八 04	初九 05
十四 10	十五 11	十六 12
廿一 17	廿二 18	廿三 19
廿八 24	廿九 25	十一月 26

WED.	THU.	FRI.	SAT.
		万圣节 01	初六 02
初十 06	十一 07	十二 08	十三 09
十七 13	十八 14	十九 15	二十 16
廿四 20	廿五 21	小雪 22	廿七 23
初二 27	感恩节 28	初四 29	初五 30

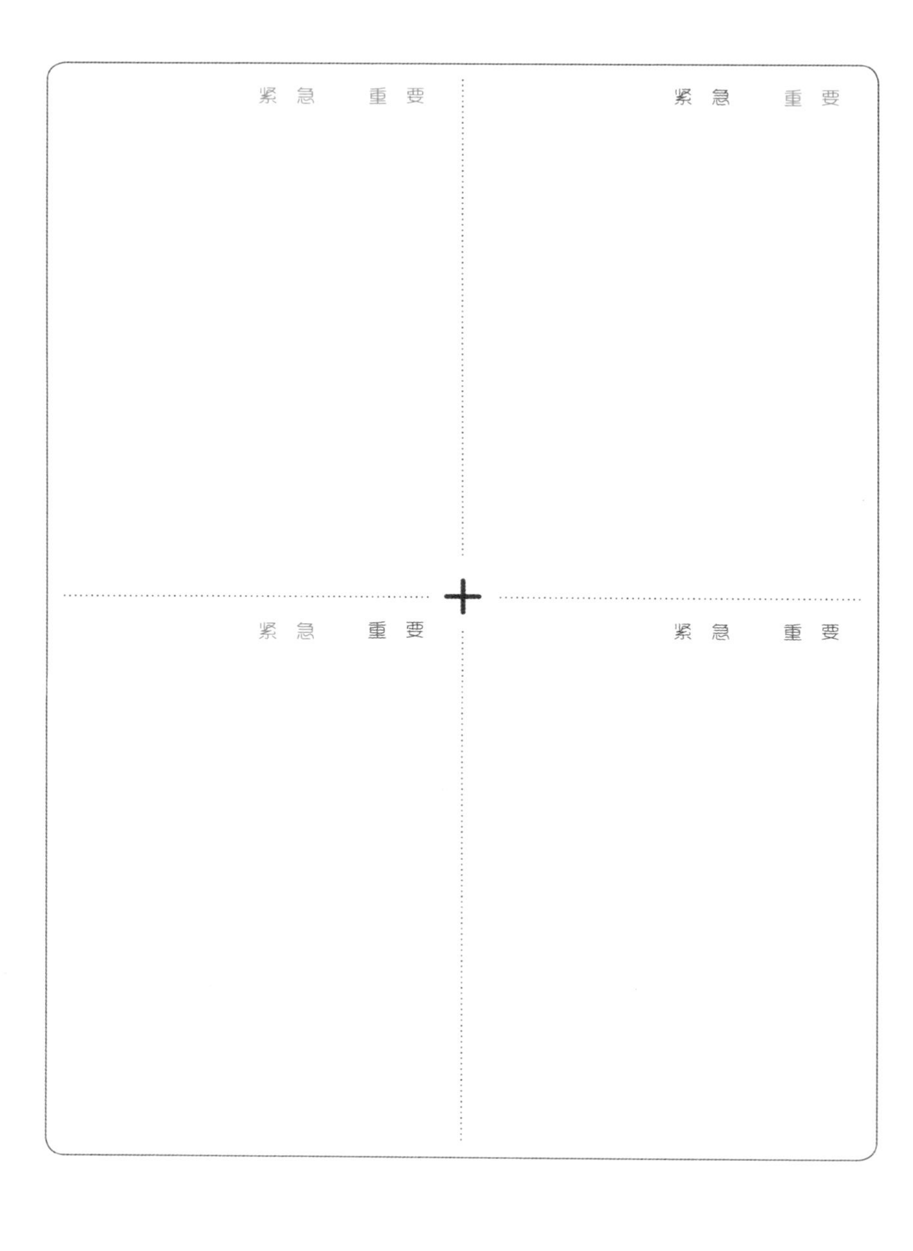

紧 急 重 要
紧 急 重 要
紧 急 重 要
紧 急 重 要

月　　日　　Mon.　Tues.　Wed.　Thur.　Fri.　Sat.　Sun.

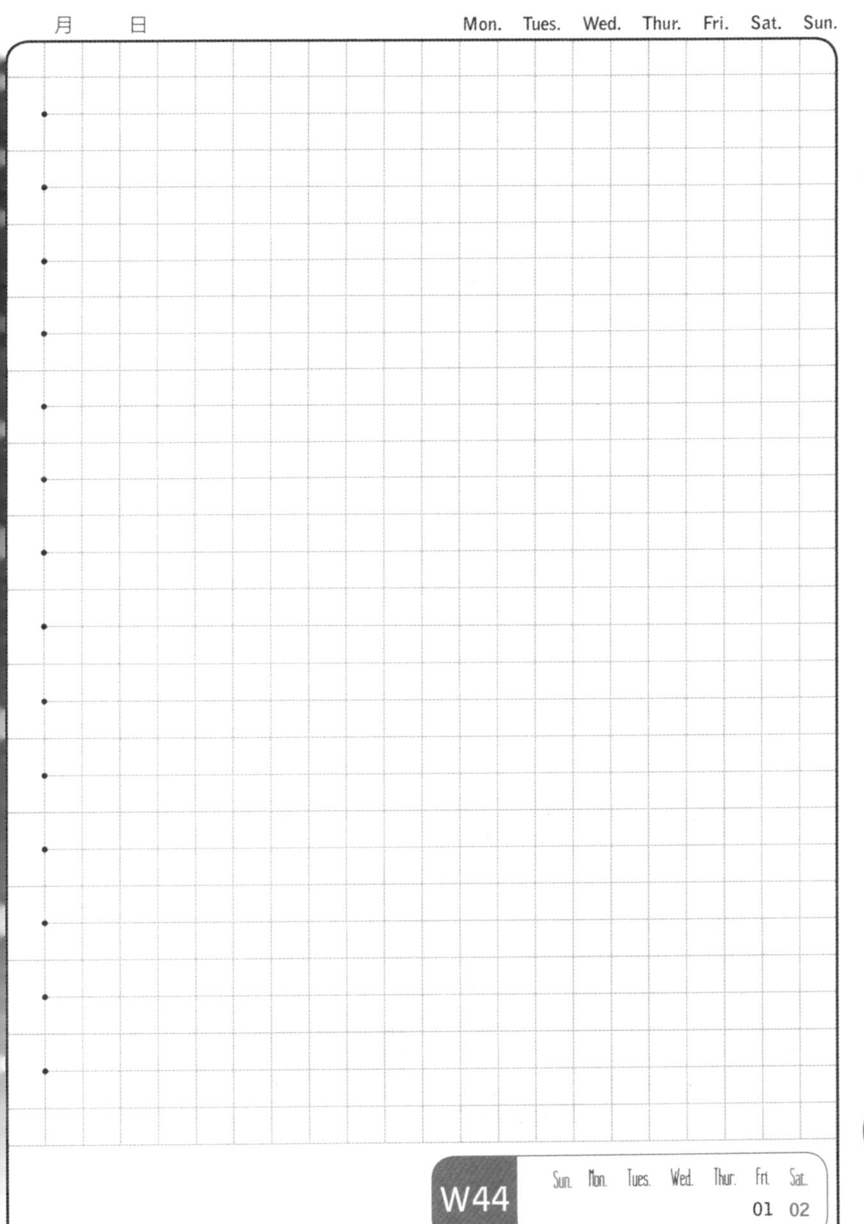

W44	Sun.	Mon.	Tues.	Wed.	Thur.	Fri.	Sat.
						01	02

11

泡沫

现代咖啡是用滤纸或滤网把咖啡过滤后喝的，现代咖啡滴漏壶则是一位德国妇女在1908年发明的，她的设计初衷就是将咖啡液与咖啡渣分离，萃取纯净而顺滑的咖啡。这种方式虽然在日后有些许改变，但宗旨是一致的：不要咖啡渣。

现代咖啡的始祖是土耳其咖啡，土耳其人将中度烘焙的豆子研磨到比面粉还细，再与纯净水按10:1的比例放进特制的小锅子内拿去煮，在煮出大泡沫时迅速离火冷却，然后再煮至有冒泡再移开，如此反复至水量为原先的一半才算完成。检验成功的方法很简单，那就是看这咖啡倒出来时泡沫是否丰富，据说在当地煮咖啡没有泡沫是一件很丢脸的事情。

时至今日，土耳其人依旧沿用这种喝咖啡的方式，而喝剩下的咖啡渣还会被用来占卜，这才是喝咖啡的深奥境界吧。

月 日 Mon. Tues. Wed. Thur. Fri. Sat. Sun.

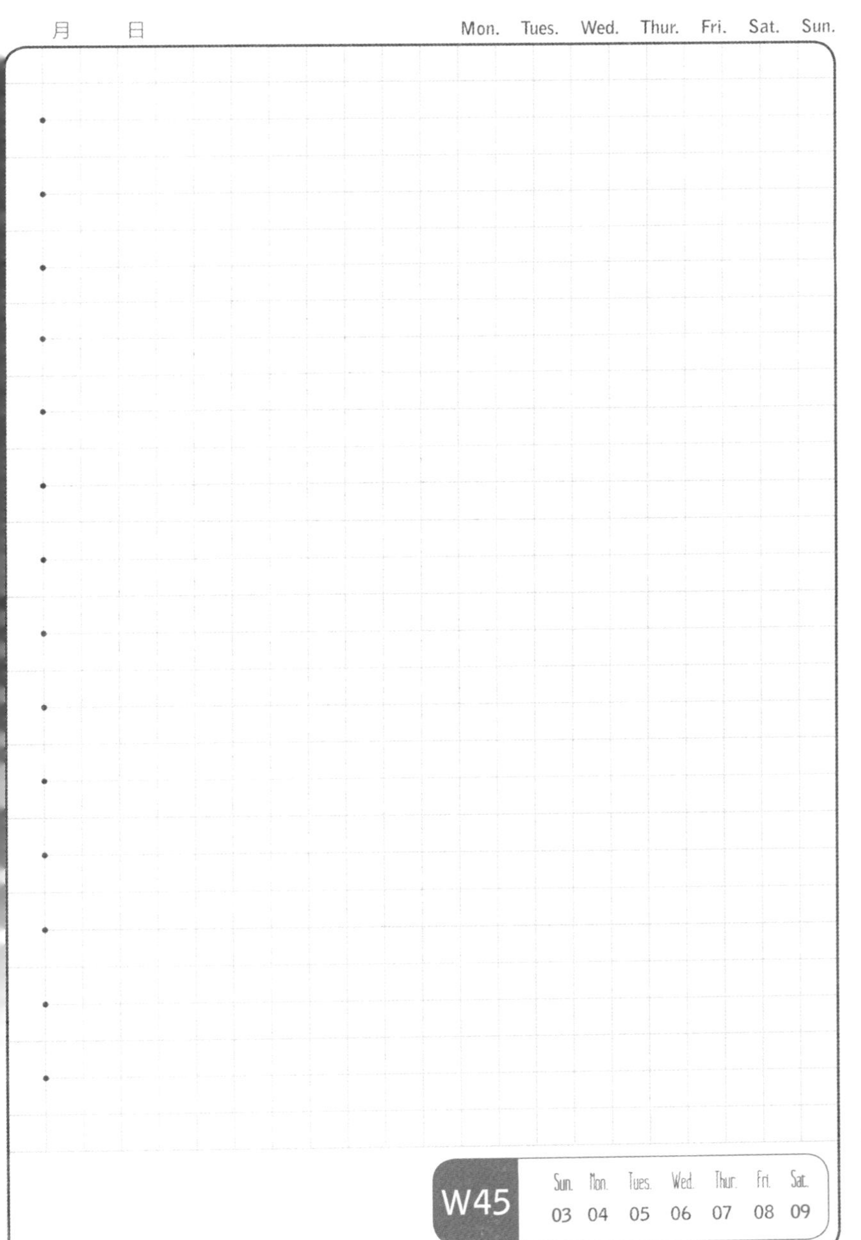

W45

Sun.	Mon.	Tues.	Wed.	Thur.	Fri.	Sat.
03	04	05	06	07	08	09

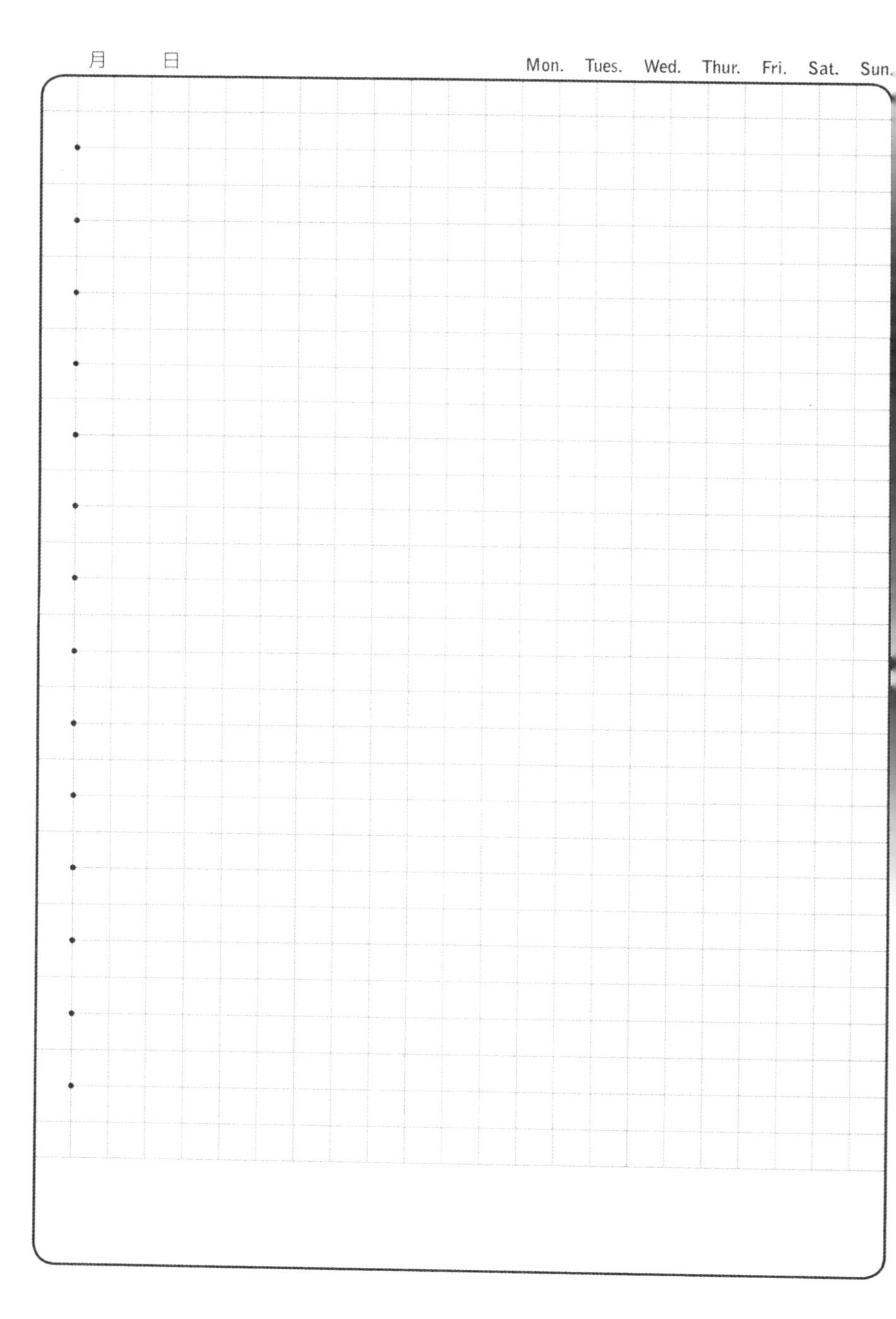
月 日
Mon. Tues. Wed. Thur. Fri. Sat. Sun.

月　　日　　Mon.　Tues.　Wed.　Thur.　Fri.　Sat.　Sun.

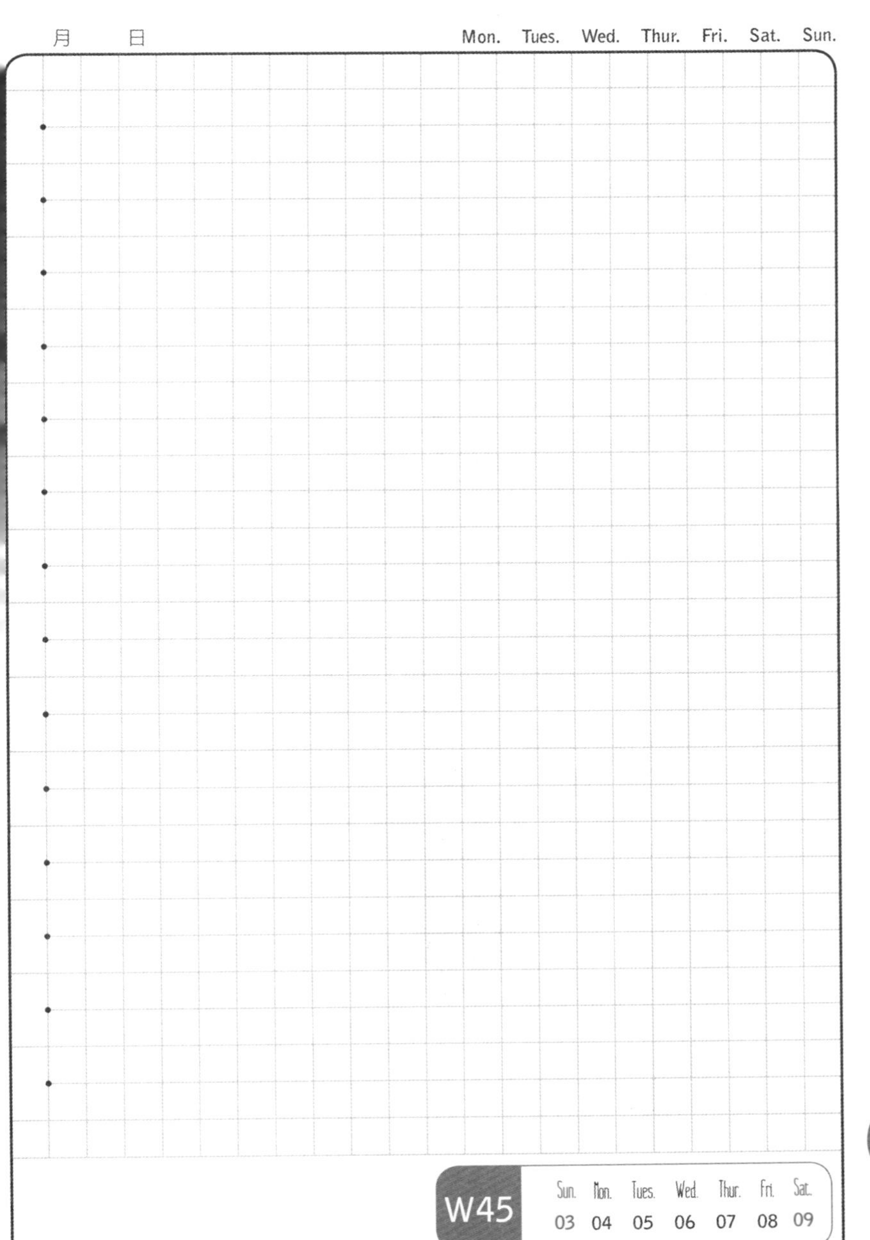

W45	Sun.	Mon.	Tues.	Wed.	Thur.	Fri.	Sat.
	03	04	05	06	07	08	09

十一月，十一日。

遇到你，
为你煮一杯咖啡，
等你喝完为你占卜，
噢，
你遇到了对的人。

月 日 Mon. Tues. Wed. Thur. Fri. Sat. Sun.

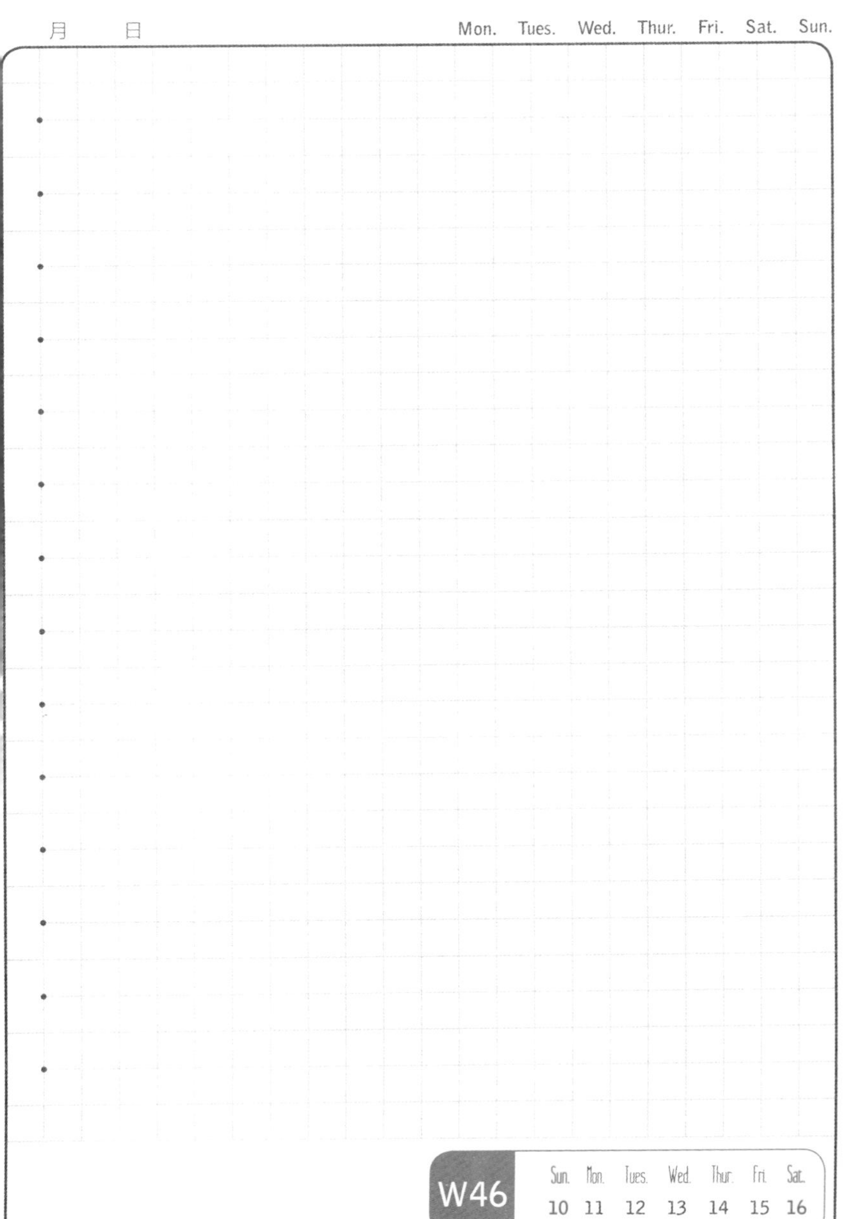

月 日
Mon. Tues. Wed. Thur. Fri. Sat. Sun.

月　日　Mon. Tues. Wed. Thur. Fri. Sat. Sun.

W46

Sun.	Mon.	Tues.	Wed.	Thur.	Fri.	Sat.
10	11	12	13	14	15	16

小雪

仙后座替了北斗星，
去找寻北极星；
我替了你，
去完成梦想。

月　　日　　Mon.　Tues.　Wed.　Thur.　Fri.　Sat.　Sun.

W47

Sun.	Mon.	Tues.	Wed.	Thur.	Fri.	Sat.
17	18	19	20	21	22	23

月　　　日　　　　　　　　　　　　Mon.　Tues.　Wed.　Thur.　Fri.　Sat.　Sun

月　　日　　Mon. Tues. Wed. Thur. Fri. Sat. Sun.

W47	Sun.	Mon.	Tues.	Wed.	Thur.	Fri.	Sat.
	17	18	19	20	21	22	23

烧鱼

很早以前画过一篇东西证明我不会烧鱼，这不是什么光彩的事，于是我怀着一颗感恩之心跟老娘讨回了烧鱼的方子，便烧得愈来愈好了。

这里的烧特指干烧，是将炸或煎过的食材爆锅加汤（水）烧制入味并彻底收汁的方式，成菜讲究「见亮不见汤」。干烧鱼翅是代表菜，鱼翅咱常吃不起也不能常吃，便换了鱼来干烧。

收拾干净鱼，两面蘸了面粉拿去下锅小火煎。这是个耐心活，急不得，刚下锅时不要着急翻，否则皮破肉散。只要油够火准，煎出的鱼一定色泽金黄香气袭人。

底油爆香料头，大火加好烧汁后就可以干烧了。盯着锅子的汤汁，那是一瞬间就会消失的。如果经验足够，最好的是在汤汁将稠的时候转了旺火猛烧，稍微有一丁点儿焦的味道是最完美的。

月　　日　　Mon.　Tues.　Wed.　Thur.　Fri.　Sat.　Sun.

W48	Sun.	Mon.	Tues.	Wed.	Thur.	Fri.	Sat.
	24	25	26	27	28	29	30

月 日
Mon. Tues. Wed. Thur. Fri. Sat. Sun.

月　　日　　Mon.　Tues.　Wed.　Thur.　Fri.　Sat.　Sun.

SUN.	MON.	TUE.
初六 01	初七 02	初八 03
十三 08	十四 09	十五 10
二十 15	廿一 16	廿二 17
冬至 22	廿八 23	廿九 24
初四 29	初五 30	初六 31

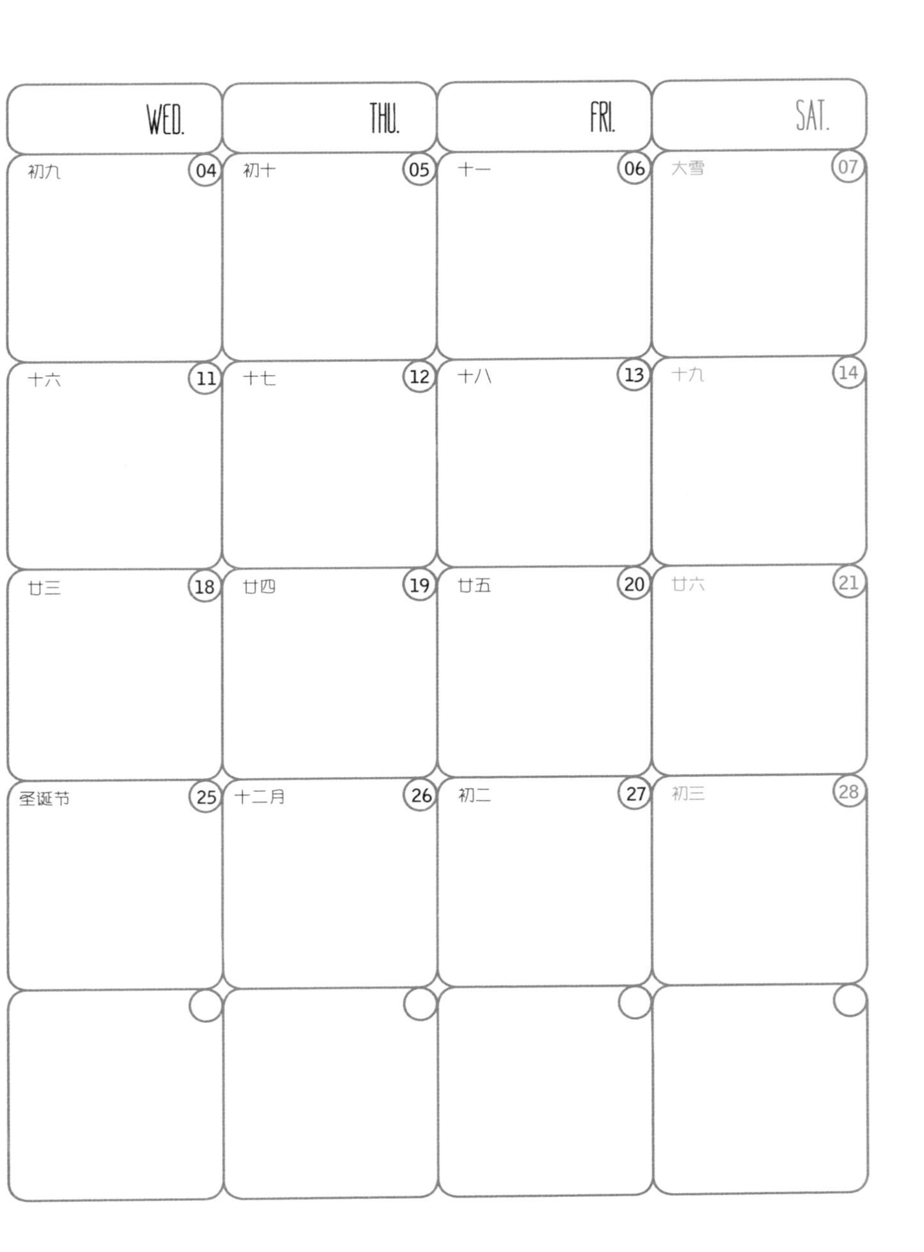
WED.
THU.
FRI.
SAT.
初九 04
初十 05
十一 06
大雪 07
十六 11
十七 12
十八 13
十九 14
廿三 18
廿四 19
廿五 20
廿六 21
圣诞节 25
十二月 26
初二 27
初三 28

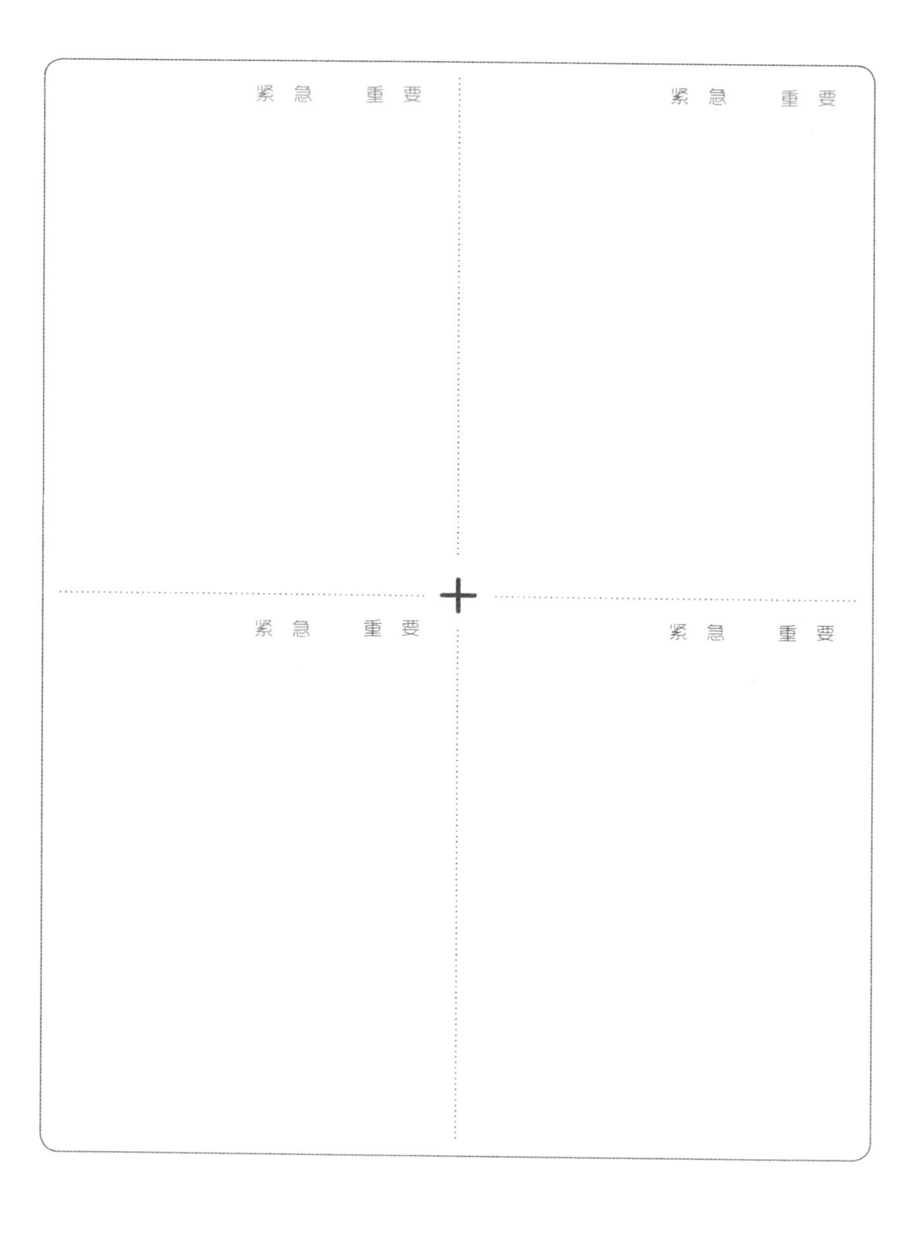
紧急 重要
紧急 重要
紧急 重要
紧急 重要

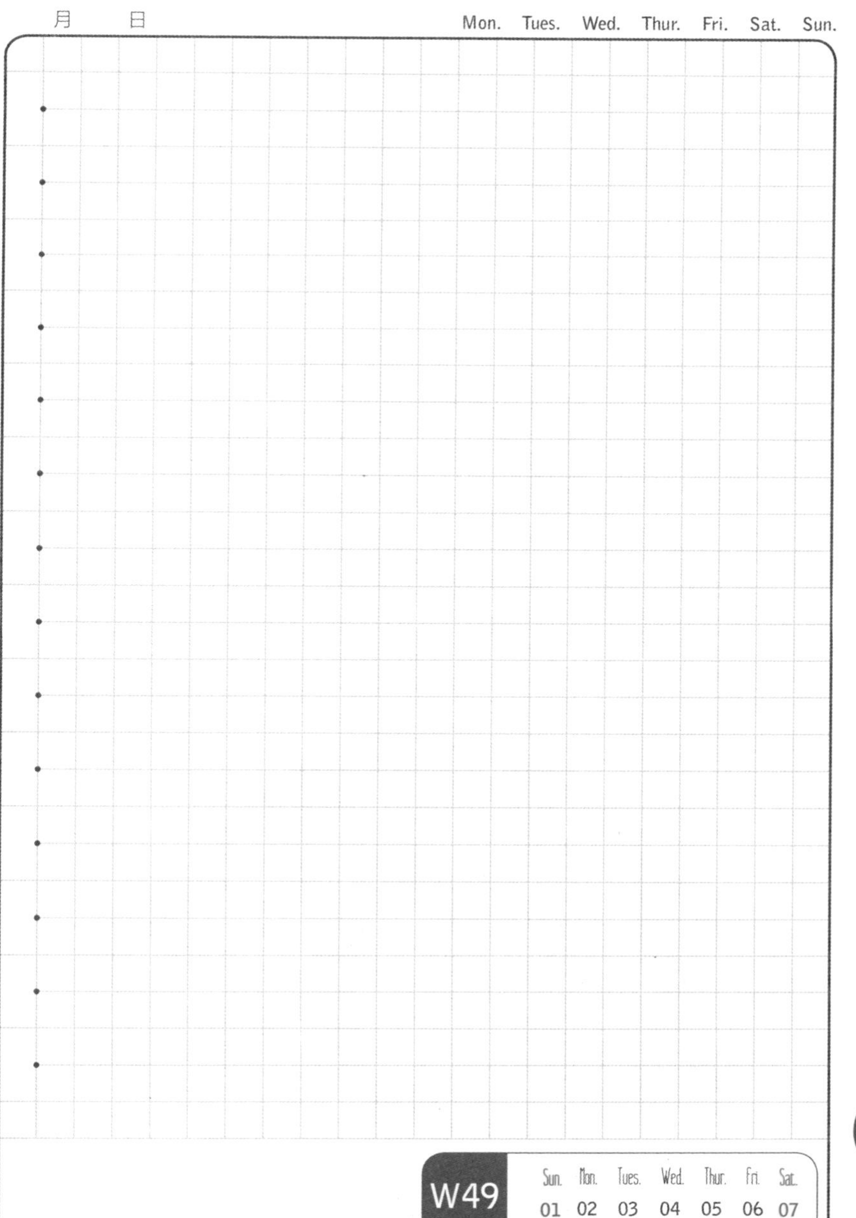
月 日
Mon. Tues. Wed. Thur. Fri. Sat. Sun.
W49
Sun. Mon. Tues. Wed. Thur. Fri. Sat.
01 02 03 04 05 06 07
12

爱情

韩料在青岛遍地可寻，正宗。散落在居民楼或小巷深处的韩料店是我愿意去的，店里通常有一个笑眯眯且有礼貌的妈妈；一个和你点下头之外总在忙碌的爸爸；一个皮肤白皙却总盯看镜子思考在哪里再来一刀的女儿。长腿欧巴？电视剧里有。

我喜欢拌饭的简单和美味，说它简单，是因为制作步骤和选材简单；说它美味，是因为多种食材混搭后加上韩国辣酱特有的甜辣和米香简直让人欲罢不能，多大一碗我也能吃完。

选什么食材在你，蛋皮和豆芽却是必须有的。锅子烧热，放入香油抹匀，平整地铺上熟米饭，摆上那些红红绿绿的食材就可以烧了。另起一个锅子加油后放入鸡蛋，只煎一面，等蛋黄和蛋白稍微凝固就是最好看的模样了。这时候噼噼啪啪的声响告诉你那是锅底香油加热后和米饭亲密接触的结果，待会锅底的锅巴会异常美味。

关火，开盖，满锅的香气扑鼻而来，小心放入煎蛋捧到心爱的人面前，加点辣酱拌匀一起吃光，窗外鹅毛般的大雪告诉你，这就是爱情。

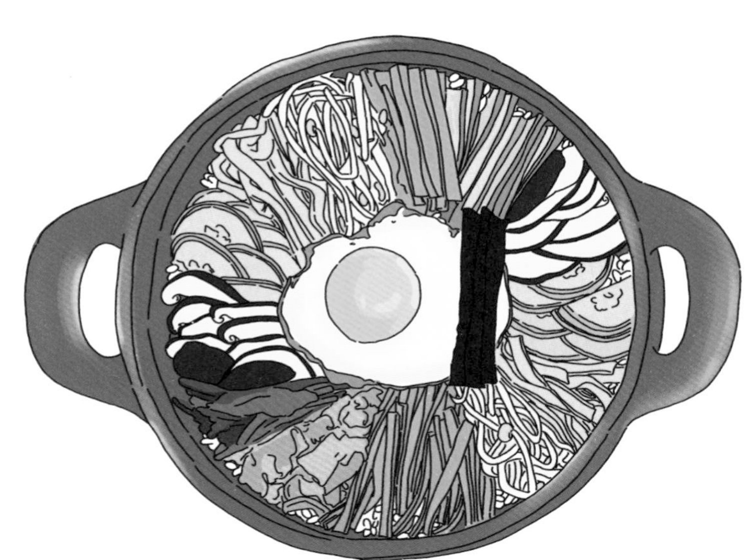

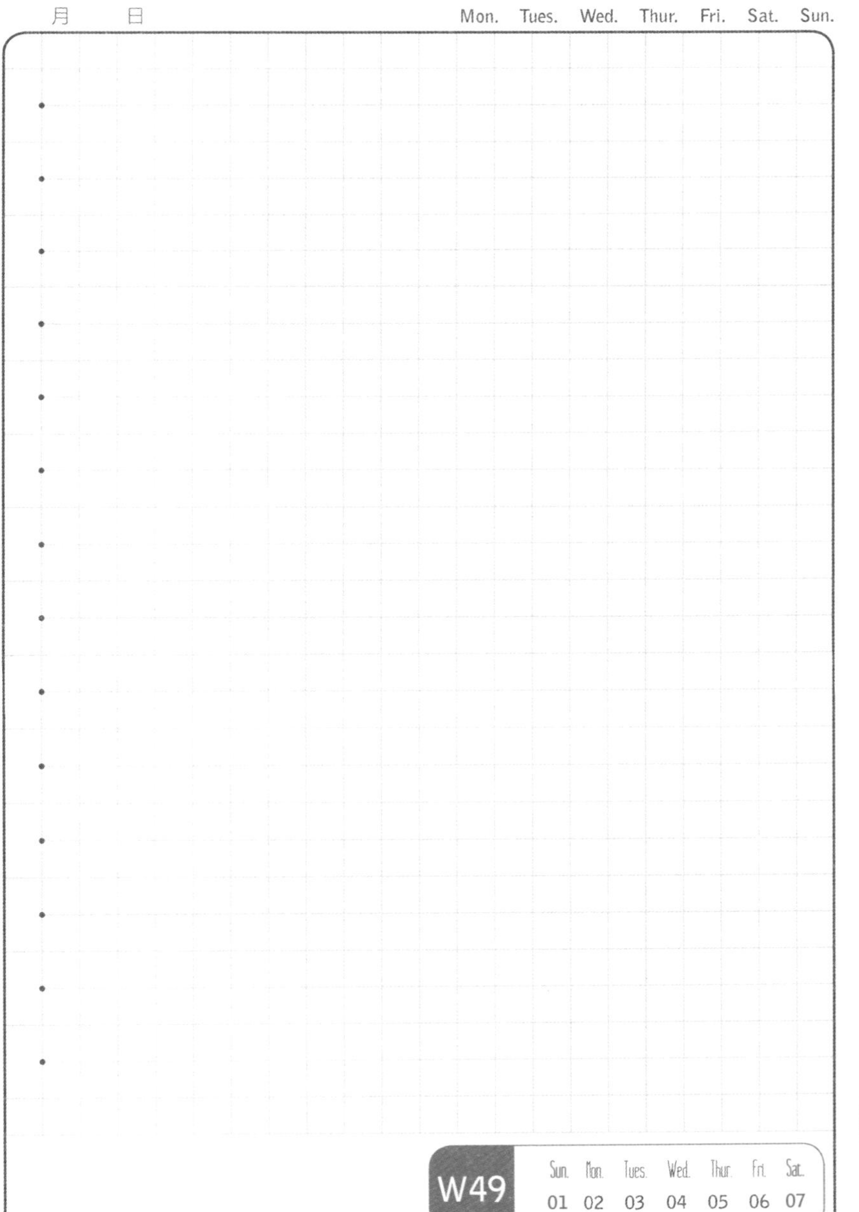
月 日
Mon. Tues. Wed. Thur. Fri. Sat. Sun.
W49
Sun. Mon. Tues. Wed. Thur. Fri. Sat.
01 02 03 04 05 06 07

月 日
Mon. Tues. Wed. Thur. Fri. Sat. Sun.

月　　日　　Mon.　Tues.　Wed.　Thur.　Fri.　Sat.　Sun.

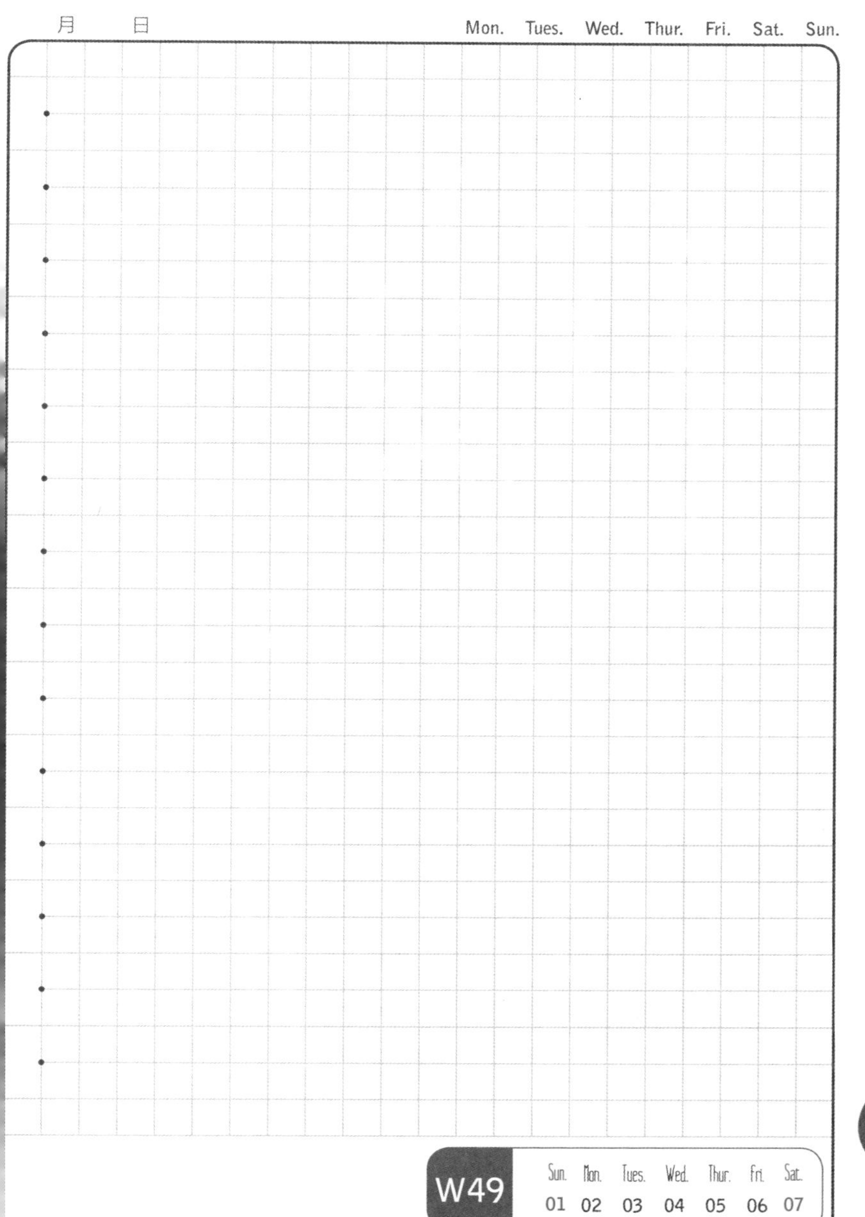

第三百五十天，
终于做出了，
你要的青菜豆腐饭。
你问我为什么不吃，
因为，
我不可以吃豆腐啊。

月 日 Mon. Tues. Wed. Thur. Fri. Sat. Sun.

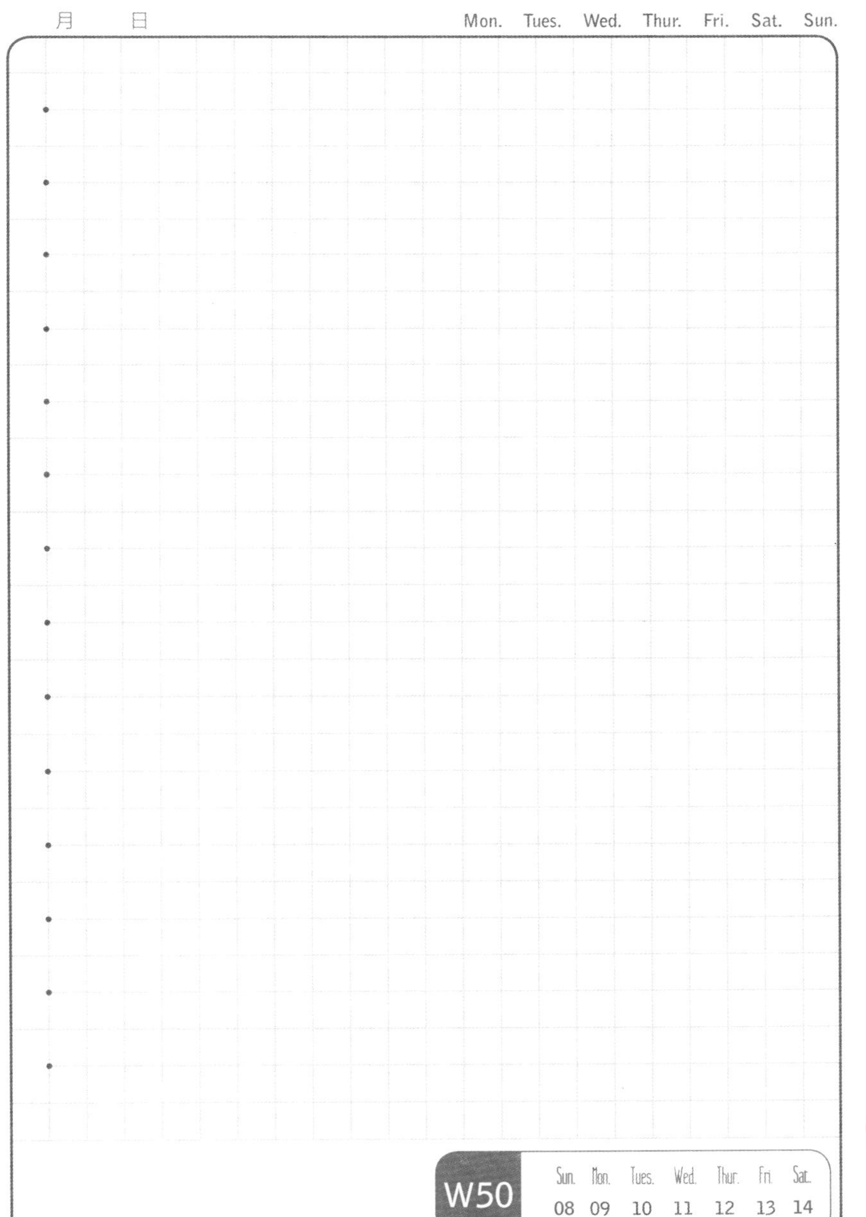

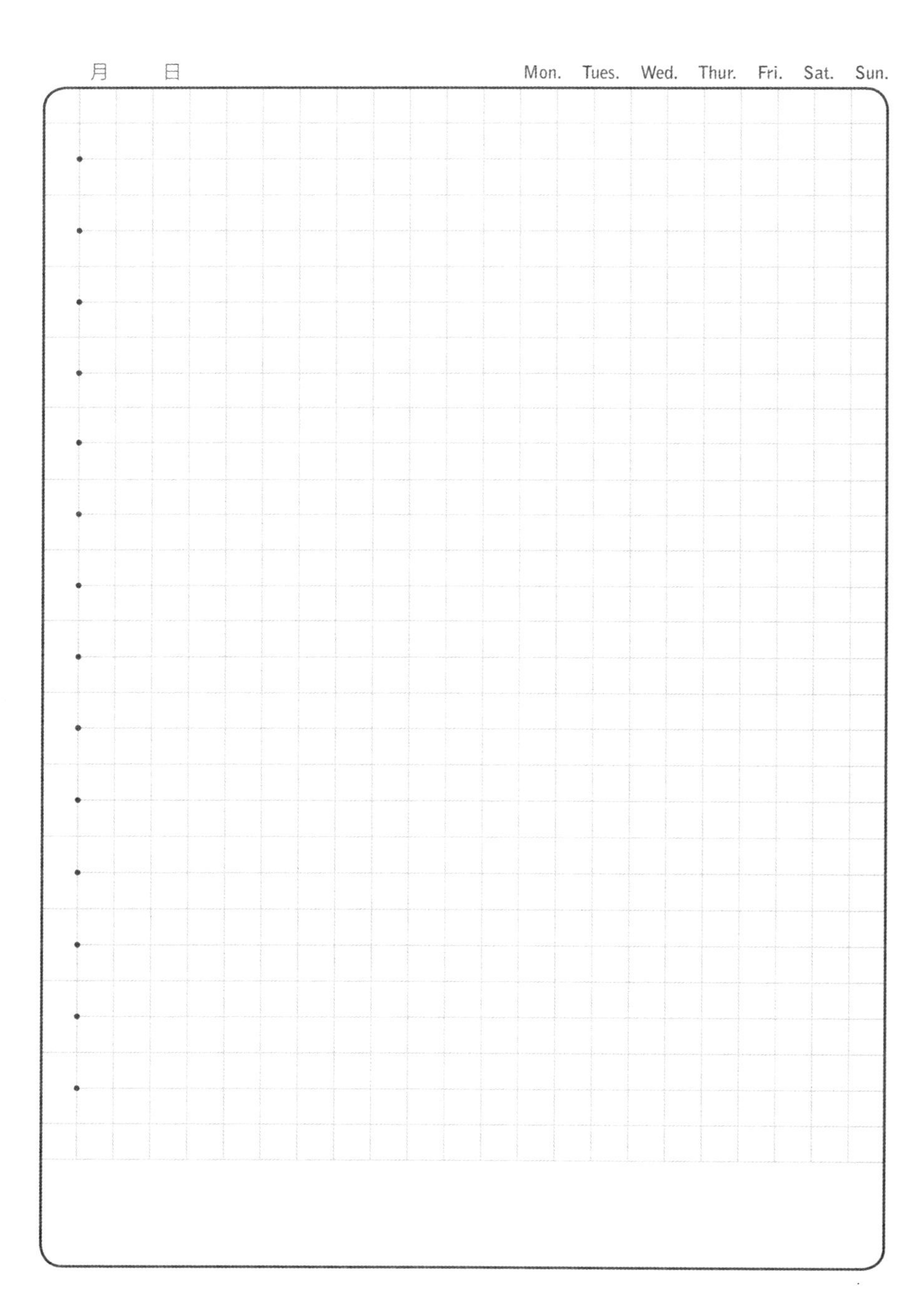
月
日
Mon.
Tues.
Wed.
Thur.
Fri.
Sat.
Sun.

月　　日　　Mon.　Tues.　Wed.　Thur.　Fri.　Sat.　Sun.

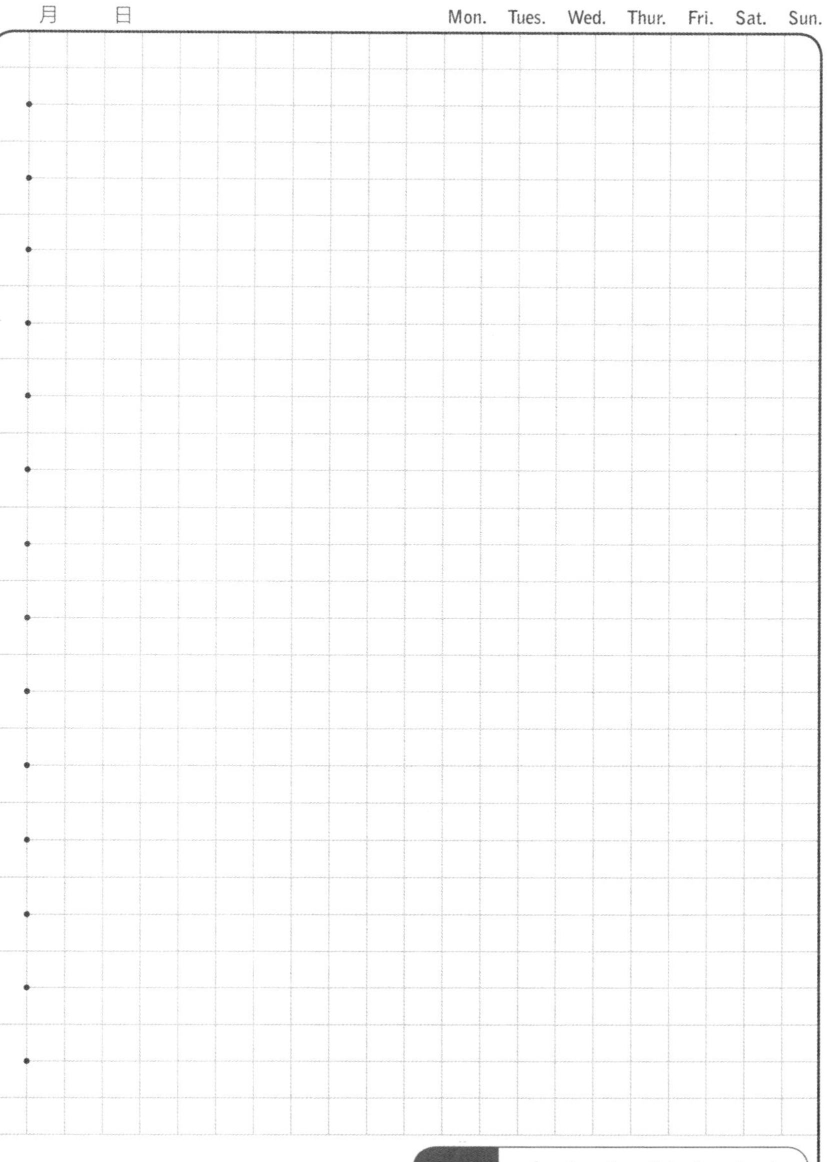

W50	Sun.	Mon.	Tues.	Wed.	Thur.	Fri.	Sat.
	08	09	10	11	12	13	14

熏

每年冬至，按惯例妈妈会做一些熏货，但其实她很不喜欢做，并不是懒，而是熏完东西后黑黑的锅底令她发愁。所以在我没有正式掌勺之前，在家吃到熏制实物的机会实在不多。

我很晚才知道熏制食物的方法。食材熏制前的处理方法类似卤，不过老抽放得要少，因为熏的时候会再上一次色，之前颜色卤重了，再熏黑了就难看了。

晾凉烧好的东西，用香油均匀地涂一遍，找一只铁锅放些白糖和泡好的茶叶，放上篦子摆上要熏的东西，盖好盖子后用小火慢慢烧就可以了。锅子会慢慢冒出淡淡的白烟，那是糖遇热后开始糊化的结果，很快烟会由白转黄，变浓，这时候要迅速关火，继续焖一会即成。

妈妈皱着眉头看着锅，很是无言。

我抽出铺在锅底圆满完成任务的锡纸，潇洒地叠起来扔进来垃圾桶：

「完美解决刷锅问题噢。」

妈妈瞪大了眼睛，半天说出一句话：

「现在的人还真是有些办法啊。」

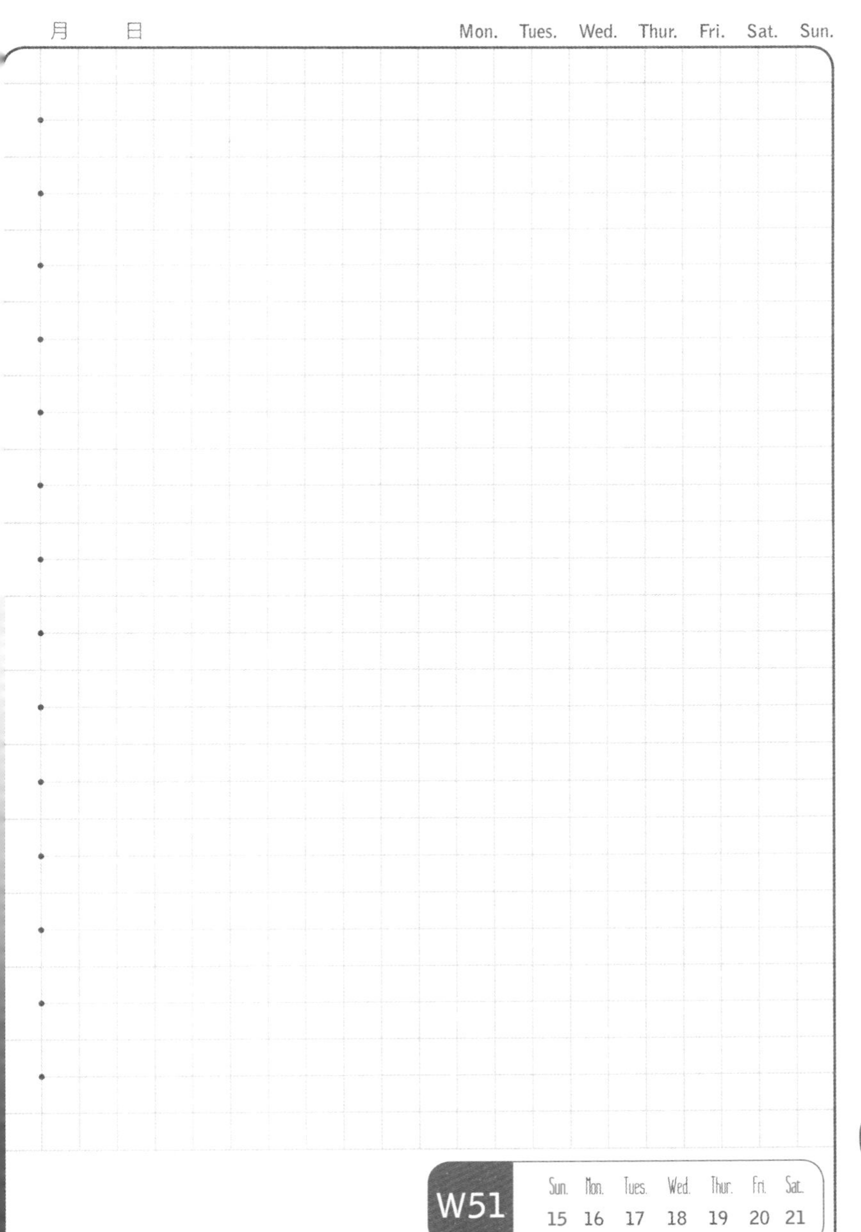
月 日
Mon. Tues. Wed. Thur. Fri. Sat. Sun.
W51
Sun. Mon. Tues. Wed. Thur. Fri. Sat.
15 16 17 18 19 20 21

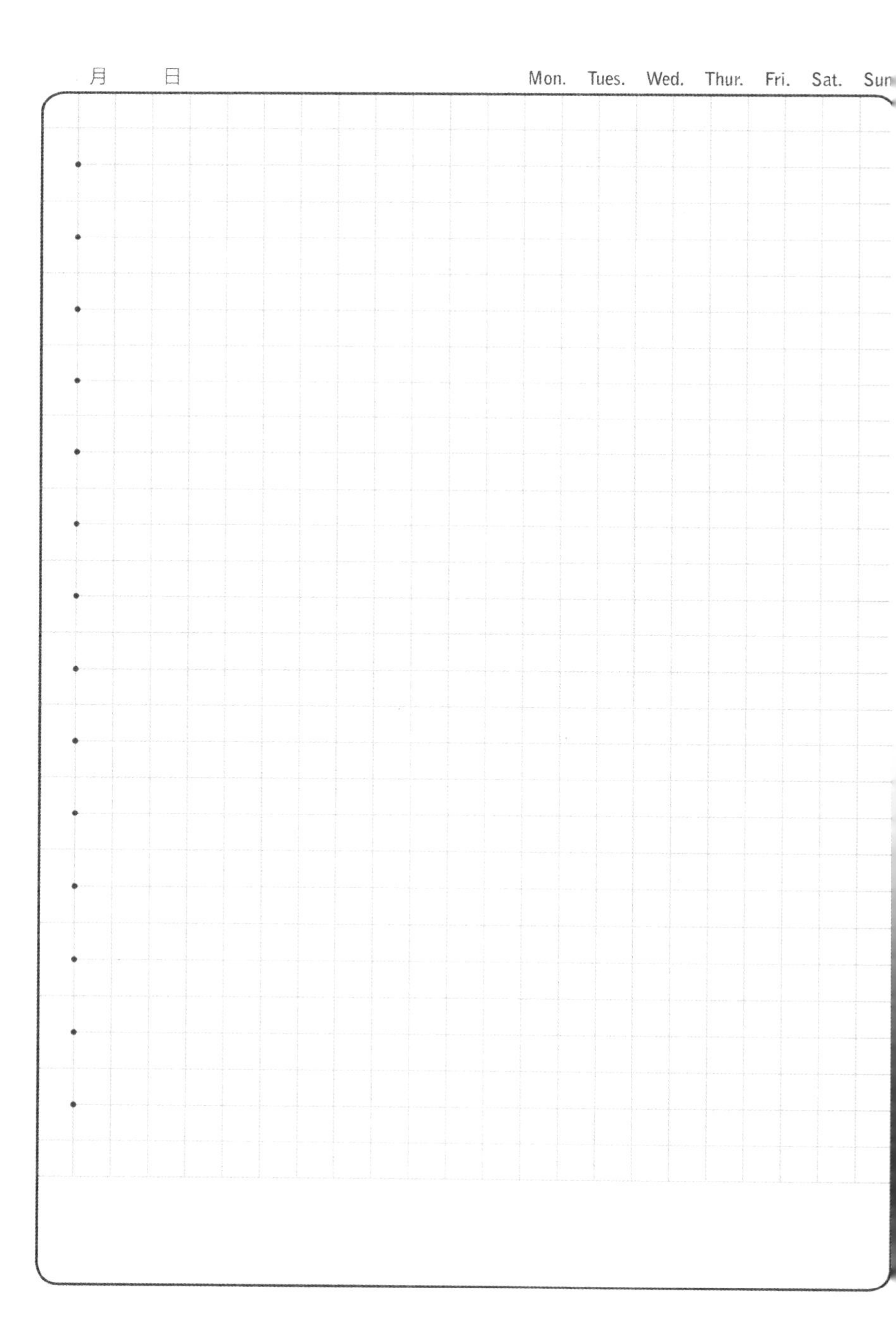

月 日
Mon. Tues. Wed. Thur. Fri. Sat. Sun

月　日　Mon. Tues. Wed. Thur. Fri. Sat. Sun.

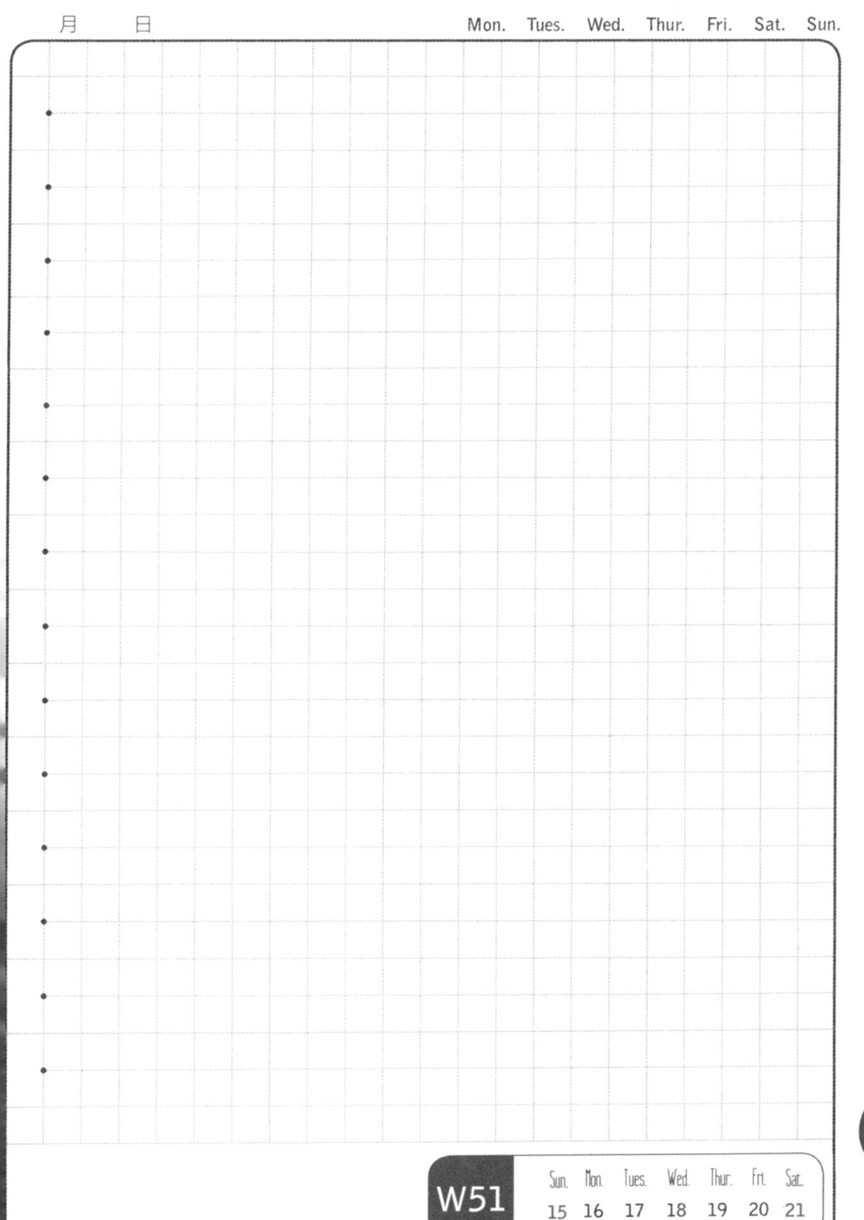

W51	Sun.	Mon.	Tues.	Wed.	Thur.	Fri.	Sat.
	15	16	17	18	19	20	21

月　　日　　Mon.　Tues.　Wed.　Thur.　Fri.　Sat.　Sun.

月 日
Mon. Tues. Wed. Thur. Fri. Sat. Sun.

月　　日　　Mon. Tues. Wed. Thur. Fri. Sat. Sun.

W52	Sun.	Mon.	Tues.	Wed.	Thur.	Fri.	Sat.
	22	23	24	25	26	27	28

月　　日　　Mon.　Tues.　Wed.　Thur.　Fri.　Sat.　Sun.

月　　日　　Mon.　Tues.　Wed.　Thur.　Fri.　Sat.　Sun.

•
•
•
•
•
•
•
•
•
•
•
•
•
•

W53	Sun.	Mon.	Tues.	Wed.	Thur.	Fri.	Sat.
	29	30	31				

2019 BOOKS 读书清单

书名	作者	评分

PAYMENT DETAILS 收支明细

日期	收入		支出		盈余	备注
	内容	金额	内容	金额		

图书在版编目（CIP）数据

好味知时节：2019年手绘轻手账 / 一树编. -- 青岛：青岛出版社，2018.9
ISBN 978-7-5552-7635-7

Ⅰ. ①好… Ⅱ. ①一… Ⅲ. ①菜谱－中国 Ⅳ. ①TS972.182

中国版本图书馆CIP数据核字(2018)第204556号

书　　名	好味知时节　2019年手绘轻手账
编　　绘	一树
出版发行	青岛出版社
社　　址	青岛市海尔路182号（266061）
本社网址	http://www.qdpub.com
邮购电话	13335059110　0532-68068026
策划编辑	周鸿媛
责任编辑	纪承志
装帧设计	丁文娟
制　　版	杨晓雯
印　　刷	青岛海蓝印刷有限责任公司
出版日期	2018年9月第1版　2018年9月第1次印刷
开　　本	32开（787毫米×1092毫米）
印　　张	9
图　　数	80
印　　数	1-6000
书　　号	ISBN 978-7-5552-7635-7
定　　价	88.00元

编校印装质量、盗版监督服务电话：
4006532017　0532-68068638

扫二维码
关注作者微信公众号